# 造园大师 计成

石荣 主编

古吴轩出版社

造园大师

计成

**图书在版编目（CIP）数据**

造园大师计成 / 石荣主编. — 苏州：古吴轩出版
社，2013.10
ISBN 978-7-5546-0144-0

Ⅰ.①造… Ⅱ.①石… Ⅲ.①古典园林— 造园林— 研
究— 中国— 明代 Ⅳ.①TU986.2②TU-098.42

中国版本图书馆CIP数据核字（2013）第216490号

**责任编辑：**陆月星
**特约编辑：**董　侠
**装帧设计：**吴自强
**责任照排：**游晓芳
**责任校对：**张　蕾
**特约校对：**曹　玲

书　　名：**造园大师计成**
主　　编：石　荣
出版发行：古吴轩出版社
　　　　　地址：苏州市十梓街458号　邮编：215006
　　　　　Http://www.guwuxuancbs.com　E-mail:gwxcbs@126.com
　　　　　电话：0512-65233679　　　传真：0512-65220750
印　　刷：苏州市越洋印刷有限公司
开　　本：787×1194　1/16
印　　张：14
版　　次：2013年10月第1版　第1次印刷
书　　号：ISBN 978-7-5546-0144-0
定　　价：58.00元

如有印装质量问题，请与印刷厂联系。0512-68180628

退思园：闹红一舸

退思园：贴水园

静思园：鹤亭桥

静思园：三潭印月

师俭堂

端本园

珍珠塔

2012年12月22日，纪念计成430周年诞辰座谈会代表合影

# 序一

　　中国人在营造居住环境时极重风水，讲究天人合一，即人与自然的和谐相处。人周围的自然即人化的自然，在不破坏其原有气场的情况下，进行审美的改造，达到善与美的结合。苏州园林就是这一追求的最高境界。苏州古典园林宅园合一，可赏，可游，可居，在有限的空间范围内，利用独特的造园艺术，将湖光山色与亭台楼阁融为一体，把生意盎然的自然美和创造性的艺术美融为一体，令人不出城市便可感受到山林的自然之美。

　　苏州的造园艺术与中国的文学和绘画艺术具有深远的历史渊源，特别受到唐宋文人写意山水画的影响，是文人写意山水模拟的典范。园林中大量的匾额、楹联、书画、雕刻、碑石、家具陈设、各式摆件等等，无一不是点缀园林的精美艺术品，无不蕴含着中国古代哲理观念、文化意识和审美情趣。人于其中栖息游赏，化景物为情思，产生意境美，获得精神的满足。从小受此文化熏陶的计成，理所当然的成为中国造园大师的代表。

　　明万历十年（1582），计成诞生于吴江。吴江自古文风醇厚，名士雅集。计成浸淫其间，自幼擅画山水，胸藏千壑；还擅写诗，时人评价他的诗如"秋兰吐芳，意莹调逸"。他喜好游历风景名胜，青年时代到过北京、湖广等地。中年回到江南，专事造园。他的代表作有常州吴玄的东第园、仪征县汪士衡的寤园、扬州郑元勋的影园等。崇祯七年（1634），已经有所成就的计成编纂了中国第一部系统造园著作——《园冶》。《园冶》于建筑与造园艺术作出科学立论和系统阐述，提出了著名的"虽由人作，宛若天开"的造园理念，不仅促进了江南园林艺术的发展，而且传播到日本和西欧，对日本造园艺术产生了深刻的影响。日本大村西崖《东洋美术史》所提到的刻本《夺天工》，即是《园冶》，日本造园名家多静博士曾称《园冶》为"世界最古之造园书籍"。

　　作为计成家乡的吴江本身就是一个大园林，一街一巷，一树一墙，一河一桥，自然环境与人居建筑，是那样天然地融合在一起。退思园、耕乐堂等像珍珠一样镶嵌在同里古镇。在吴江的西南角，也有清代传承下来的师俭堂。当代吴江人仍孜孜以求传承计成的追求，民营企业家陈金根在与同里镇相隔不远的庞山湖造出了现代私家园林静思园。这些都是吴江园林的代表，处处体现计成的思想。

今天，吴江正以建设"乐居吴江"，率先实现基本现代化为目标，不断优化城市功能布局与景观结构建设，构建稳定的生态园林体系，创造人与自然、人与社会和谐、安全、便利、舒适的生态人居环境。《园冶》所体现的中国传统造园艺术的美学思想，在今天仍有着重要的理论价值和社会实践价值。希望这本《造园大师计成》的出版，能对强化全社会规划意识、提升全区规划设计水平、宣传吴江园林文化、展示当代吴江的乐居生活发挥积极作用。

中共吴江区委书记

2013年10月

# 序二

一

"江上往来人，但爱鲈鱼美。君看一叶舟，出没风波里"（宋·范仲淹《江上渔者》），少年读此诗时，只是一片水光山色的向往。等待人事繁复，行色苍茫之时，倒是别有一番滋味在心头。

数年前，我撰写《园冶图说》（山东画报出版社）时，对《园冶》作者计成心中多存疑虑，其生平事迹不详，原因是记载太少。计成的《园冶·冶叙》中有"松陵计无否"的说法。而吴江市府正置在松陵镇。

后来，吴江政协文史委员会的薛群峰先生通过出版社，与我接通了电话，一来二去，在电话中谈论了两三回关于计成的研究情况，此外还熟知了沈昌华先生。

甲申初夏，我访江南，顺道赴吴江松陵一游。是日天朗气清，惠风和畅，道路整洁，草木葱郁。吴江已有"国家级卫生城市"的称誉，名不虚传。此回来吴江，除了会友问胜，也有进一步了解计成故事的心愿。

吴江同里的"退思园"，为清代晚期的雅园巧构，现已列入"世界文化遗产名录"，亦成为江南园林的典范。薛群峰、沈昌华、沈春荣先生忙中抽身，陪同游园，绿荫伞伞，秀石婷婷，"进则尽忠，退则思过"的退思园引发了许多人事的感想。"望云惭高鸟，临水愧游鱼"（晋·陶渊明），边走边谈，尤其是沈昌华先生对计成的身世探讨和研究，颇有新意，使我很受启发。

这些计成故里松陵的热心人士，出于对《园冶》与计成的景仰，完成了《园冶新译》一书，邀我写序。我一则欣喜，二则惶恐。欣喜的是《园冶》已有越来越多的研究成果，尤其是计成故乡的人士高度重视；惶恐的是我对计成研究还缺乏新的见解。于是返秦之后，重新阅读分析《园冶》及相关资料，以乞对《园冶》和计成有新的研究心得。

计成是明末清初的中国园林大师。但是三百年来，被淹没在浩瀚如烟的史料之中，以至几乎默默无闻。

吴江在苏州的南面。吴江旧称松陵，境内有吴淞江，吴淞江也称松江，为太湖入海的通道，因江阳有高地如丘陵，地名沿为"松陵"。

《吴越春秋·句践伐吴外传》中有"越王追奔，攻吴兵，入于江阳松陵"的说法，由此得知松陵当在吴越时就已经得名。汉代置松陵镇，后梁开平三年（909），吴越王钱镠设置吴江县于松陵镇，由此后来多称吴江。

松陵是江南名城，地处苏杭之间，其地还有一名胜"垂虹桥"，原为木结构，始建于宋代庆历八年（1048），元代翻建为石桥，有"环如半月，长如垂虹"的赞誉。因而水乡幽曲，古桥盘桓，人物鼎盛。吴江盛物历来多为人们吟咏。如"秋风起兮佳景时，吴江水兮鲈正肥"（晋·张翰）、"吴江田有粳，粳香春作雪；吴江下有鱼，鲈肥脍堪切"（宋·梅尧臣）、"扁舟系岸不忍去，秋风斜日鲈鱼乡"（宋·陈尧佐）、"请君听说吴江鲈，除却吴江天下无"（元·郭梅西）。所以，吴江人也可自豪地说"上有天堂，下有苏杭，苏杭中间有吴江"。

吴江历史悠久，临近太湖，经济繁盛，实为江南丝绸之地，鱼米之乡。

物宝天华、地灵人杰的吴江，除去政治、军事、文学等方面的优秀人物之外，还有一个奇异的文化现象，就是"实学"方面的人物非常引人注目。古有陆龟蒙（？—约881）的《耒耜经》，为中国最早记载和研究农具的著作；沈㴲（1490—1563）的《吴江水考》，是利国益民的地方水利书籍；计成（1582—?）的《园冶》，为中国古代造园宝典；王锡阐（1628—1682）的《晓庵新法》，集中西历法之优点，多有创见；孙云球（1630—1662）的《镜史》，开中国眼镜及各种光学仪器之先河。而今有费孝通（1912—2005）的《江村经济》，影响广泛，实为"乡土中国"的缩影。

这种奇特的人文景象，对于研究吴江文化以及计成的《园冶》，都有着重要的启示。

二

计成字无否，号否道人，出生于明代万历十年（1582），《园冶·冶叙》中提及计成是松陵人，其青少年时代应该在吴江度过。

计成一生精通绘画，擅长诗文，并对造园独有心得。《园冶》一书中，作者娴熟地引用羲皇、西王母、嫫母等神话人物及道释故事外，还列举了鲁班、庄子、扬雄、诸葛亮、石崇、潘岳、孙登、陆云、陶渊明、王徽之、谢朓、谢灵运、狄仁杰、王之涣、王维、李昭道、司空图、荆浩、关全、司马光、苏轼、黄公望、倪云林等人的典故或作品，列出了《尚书》、《左传》、《说文》、《释名》、《文选》等许多文化典籍。一方面展示了自身的知识才华，另一方面也提示了计成青少年时期的饱读诗书、心志高迈的精神生活。

在1994年版《吴江县志》中记载："佛事兴盛，寺庙林立"、"佛教在明代最盛"，嘉靖时境内曾有284处寺庙庵堂，同时也有众多的道观。作为少年儒生的计成一定会在内心保留许多佛释的知识，最后融进了《园冶》的知识论述中。

明代吴江隶属苏州。吴江的风俗在"清代以前，男子12岁左右开始蓄发，梳成总角，16岁始冠，20岁行冠礼"（《吴江县志》），是为社会文化风俗的导倡，推想计成也应该是如此的青少年生活方式。

《园冶》有着独特的文学语言的价值。晚明江南文人的许多笔记中，多以骈文对偶的文体方式，一叹三咏，感怀物事。因此《园冶》书中也多采取骈文的形式，深得中国古典文学语言雅致精炼的精髓，韵味无穷，使人阅读《园冶》之后，获得一种精神超越的美感所在。这其中的戏曲文学的影响也随处可见。

明代吴江戏曲文化繁盛，著名戏曲家沈璟（1553—1610）即为松陵镇人，万历二年（1574）进士，曾任光禄寺丞，后退职归隐。其昆曲声律的研究成就卓越，著有《属玉堂传奇》等，世有"吴江派"的称誉，可与汤显祖的"临川派"云峰并立，遥相呼应。沈氏家族从事戏曲乐律，代为相传，也使吴江一地，在江南戏曲文化中占一席之地。沈璟长计成29岁，应该是前辈文人，是对计成有所影响的文化人物。此外，明代松陵文人顾大典也创作戏曲作品，培养乐伎，并有《清音阁四种》传世。顾大典这些昆曲流风，是吴江家乐繁盛、艺事竞传的时尚，使计成青少年时期的生活充满了新鲜好奇。

吴江古风荡漾，民艺浓郁，其民间的山歌、舞蹈、曲艺，每逢节日，热闹非凡，生长于此的计成，耳闻目染，身心俱浸。后来所著《园冶》，亦不仅仅是造园的技术，也有着人文知识的感召。

计成在崇祯辛未年（1631）49岁时在"扈冶堂"写的《园冶·自序》回顾自己的少年生活："不佞少以绘名，性好搜奇，最喜关全、荆浩笔意，每宗之。"

一个人丰富多彩的青少年生活，必须有着良好而富裕的家庭生活背景。研究《园冶》和计成，需要重视万历年间的社会以及松陵地区的文化环境。

计成出生时的万历十年（1582），正是大明帝国的首辅张居正病逝的那年，也是大明帝国进入政治晚期阶段。

计成21岁时，万历三十一年（1603）的"妖书案"，是社会对神宗的郑贵妃欲立自己儿子为太子的敏感话题的揭示，引起轩然大波。

计成33岁时，万历四十三年（1615）的"闯宫梃击案"，再次引发了朝廷的混乱。

万历皇帝立朝48年，为了追求荒淫无耻、穷奢极欲的享乐生活，派出太监开矿征税，增加朝廷的财政收入，最终却陷入经济衰败危机。

计成38岁时，万历四十八年（1620），神宗皇帝逝世，泰昌皇帝即位，然而一个月后，泰昌皇帝服用了红药丸后突然死去，导致了"红丸案"的荒诞奇离。

表面上看来，朝廷的大事没有影响到江南的民间社会生活，江南经济生活仍在不断地发展。尤其是吴江的蚕桑纺织业，逐渐代替种植耕作的农业生产，"蚕桑压倒稻作"。吴江的发展规模也进一步提升，从弘治年间的二市四镇到明末已增为十市七镇。

但是，作为文化思想形态的社会情形却不容乐观。

计成22岁时，万历三十二年（1604），以顾宪成、高攀龙为首的东林书院在无锡县城创建；而计成43岁时，天启五年（1625），东林书院却被禁毁。由学术争鸣到政治意气相争，再以"朋党"论及，最终以政权力量解散东林书院。这个事件波及江南地区众多的思想文化人士。当然一些朝野人士借风使船，掺杂着个人的恩怨，以至卷入了许多君子和小人，鱼龙混杂，真伪相冒的结局，长期使文坛浊流风行。

这段时间正是计成精神生活的关键时期。

天启元年（1621）熹宗皇帝上台以后，由于无法根本解决朝廷的矛盾和危机，很快就出现了不理朝政、无所作为的状态。熹宗根本上是一个昏庸无能的人，却极其信任魏忠贤，放任阉党专权，陷害忠良。天启朝只有7年，却干了一系列惨绝人寰的坏事。如杨涟、左光斗、袁化中、魏大中、周朝瑞、顾大章的"六君子"冤案，"东林党人榜"冤案接连发生。这些指鹿为马、颠倒黑白的天启朝斑斑劣迹，既是殃及无辜、摧残士气的伤痛，又毁坏了国家权力的庄严。

尤其是发生于天启六年（1626）的周起元、周宗建、缪昌期、高攀龙、李应昇、黄尊素、周顺昌"七君子"冤案时，计成年已44岁。著名的"苏州民变"，也发生于这一年。

天启六年（1626）三月，朝廷的锦衣卫到达苏州，逮捕周顺昌时，向周家索要钱财。锦衣卫狐假虎威、欺霸善良的行为，引起苏州市民的抗议，又缘于周顺昌为官清廉、家境贫寒，数十万市民上街游行，冤气相连，怨声震天。群情激愤的市民，将魏忠贤派来的官员及锦衣卫围追痛打。此事名扬天下，震动京师，亦见吴地民众正义刚烈、威武不屈的精神。复社人士张溥后来在撰写《五人墓碑记》时，着力弘扬了此事的道德正义。

"七君子"中的周宗建（1582—1626）是吴江人。

周宗建，字季侯，万历四十一年（1613）进士，《明史·列传一百三十三》中有传。其为明代嘉靖年间的吏部尚书周用的曾孙。

周用（1476—1547）在《明史·列传九十》中有传："周用，字行之，吴江人。弘治十五年进士"，嘉靖"二十五年代唐龙为吏部尚书。明年卒官。赠太子太保，谥恭肃"。唐龙是正德年间进士，嘉靖二十五年（1546）被削官为民。

周宗建先在武康、仁和等地任官，因为"有异政，入御史"。担任御史期间仗义执言，直数当朝奸邪，涉及魏忠贤相好、熹宗的乳母客氏。"清议由此重之"。后来由于不遗余力地攻击指斥魏忠贤与阉党，受到阉党的排挤。

有一种说法，周宗建攻击阉党时，阮大铖曾经有所肯定。《南渡录》中有"阮大铖当周宗建攻逆阉时实赞其议"的说法，推想阮大铖在此间也有从"实赞"周宗建最终到附逆的转变过程。

周宗建在天启三年（1623）"其冬出按湖广，以忧归"，后来在天启五年（1625），便被魏忠贤"矫诏削籍，下抚按追赃。明年以所司具狱缓，遣缇骑逮治。俄入之李实疏中，下诏狱毒讯。许显纯厉声骂曰：'复能詈魏上公一丁不识乎！'竟坐纳廷弼贿万三千。毙之狱。宗建既死，征赃益急"。

李实为阉党分子，助纣为虐。许显纯为阉党骨干，屠杀忠良，后在崇祯元年（1628）被杀。《明史》中的传述，略显简单，推想当时阉党气焰嚣张，手段歹毒，将一个刚烈正直的官员"毒讯"折磨，并诬陷受贿，追索至极。今人樊树志《晚明史》中"周宗建在狱中受尽酷刑，铁钉钉身，沸水浇身，皮肉尽烂，于六月十八日去世"的记载，当是惨烈至极！

周宗建卒年只有44岁。周宗建死后的悲惨结局，直等到"忠贤败，诏赠宗建太仆寺卿，官其一子。福王时，追谥忠毅"时，才大白天下，昭示忠烈。人事惨烈，痛恨无奈，当不过如此！

这里详细地叙述周宗建的事迹，是因为吴江的两位文史专家沈昌华、沈春荣先生有一个推论：计成与周宗建是同龄的堂兄弟。计成原名周永年，字安期，生于万历十年（1582）四月二十四，卒于顺治四年（1647）八月二十四，年龄当为65岁。计成之"计"姓，缘于其曾祖周用父亲入赘盛泽计家，而周用少年时应为"计用"，成年后的周用中进士后，复归周姓。其论文《走近计成》发表在《江苏地方志》2004年第2期。

《走近计成》的依据是钱谦益《牧斋有学集》中的《书吴江周氏家谱后》、《周安期墓志铭》、《周安期像赞》以及《吴江周氏族谱》，周永言、周永肩《先伯兄安期行略》。

此论假若成立，便是将计成研究推进了一大步。

<h2 style="text-align:center">三</h2>

众人拾柴火焰高。我细读《园冶》之后，发现计成的行踪扑朔迷离，不揣芹献。若以周宗建的行踪为参照，计成44岁以前的生活，几乎与周宗建同步。

周宗建在天启三年（1623）"其冬出按湖广，以忧归"。而计成崇祯辛未年（1631）49岁时回忆当时是"游燕及楚，中岁归吴，择居润州"。为什么要"择居润州"，而非"松陵"？

这其中有一句话："中岁归吴"，这个"吴"过去多认为泛指江苏，但是这里应是指苏州或者松陵，然后再"择居润州"。计成居润州不久，若"适晋陵方伯吴又于公闻而招之"当在天启三年，计成41岁。此时开始从事造园活动。

"润州"为江苏镇江的旧称。由于隋唐时期均在镇江设置润州，北宋徽宗时改为镇江府，因而明人也多以镇江称为润州。镇江地处长江之滨，水色山光融为一体，又是江南运河与长江的交汇点，为东西南北的交通枢纽，交通经济非常发达。

可以假设，"择居润州"恐怕还有天启五年到六年（1625—1626）中周宗建被捕遇害，以至周家妻离子散、家破人亡的原因。中隐隐于市。一为逃亡，这个"择"字就非常重要；二为谋生，"择居润州"也很重要。

计成此时开始以"计成，字无否"行事。有其逃离家园、埋名隐姓的现实需要，也有励惕困守、甘苦自知的含义。而熟人，如钱谦益等人，或者仍以周氏称呼，才有了在《书吴江周氏家谱后》、《周安期墓志铭》、

《周安期像赞》的反复论述。

钱谦益（1582—1664），字受之，号牧斋，常熟人，万历三十九年（1611）进士。天启五年（1625）因东林党案削职。崇祯元年（1628）46岁复职任礼部右侍郎，后因与礼部尚书温体仁争权失败，48岁被革职归隐。南明弘光元年（1645）任礼部尚书，不久降清。

钱谦益与计成同岁，降清前的作为及文章在士林有广泛影响。若与计成深交，亦有可能，后来阮大铖给《园冶》写"冶叙"，是不是也有顺藤摸瓜，攀交钱氏，以求东山再起的意思呢？而《镇江市志》中也有计成"以代豪门巨族建造园林为生，并结识了常熟钱谦益"（转引沈文）的说法。那么计成即周安期的推论，就有一定的合理性。但是问题还有需要进一步论证的地方。

而不甚知底细的人，如阮大铖在《园冶·冶叙》中说"'冶'之者松陵计无否，而题之冶者，吾友姑孰曹元甫也。无否人最质直，臆绝灵奇，侬气客习，对之而尽。所为诗画，甚如其人，宜乎元甫深嗜之"、"计子之能乐吾志也，亦引满以酌计子，于歌余月出，庭峰悄然时，以质元甫，元甫当能已于言？"从语气上看，大约阮大铖对计成评价颇高，并略有求乞计成造园之意。亦见计成造园的名气在江南影响广泛，"并骋南北江焉"。前文有阮大铖与周宗建在天启初年的交往，计成若与周宗建有关系，也就有可能与阮大铖交往。

阮大铖为万历四十四年（1616）进士。《明史·列传一百九十六》："马士英，贵州人。万历四十四年，与怀宁阮大铖同中会试。"同时期的还有曹元甫，亦为万历四十四年进士。曹氏名履吉，字元甫，号根遂，有诗文集多卷传世。

阮大铖是一个复杂多变的人物。如果不是在南明政权弄权以及城破前逃跑，飘流浙闽一带又降清等后半生的一系列恶劣行径，也许仅仅只是一个模糊的历史人物。但是，阮大铖从隐居南京始，不甘寂寞，遭到东林及复社人士的攻击后，又极力攀交马士英等权贵，以图东山再起。因此，从根本上说，阮大铖自己走了一条从私欲到邪恶的不归之路。

由于计成已经成功地构筑了武进吴又于的"东第园"（天启三年）、仪征汪士衡"寤园"（崇祯四年）、扬州郑超宗"影园"（崇祯七年）等私家园林，与许多文人雅士相互交往，奔走于朱门之间，不是"鸠匠"，已是"能主"。

阮文中"松陵计无否"是《园冶》中唯一提及计成籍贯之处。

阮大铖这段话写于崇祯甲戌年，为崇祯七年（1634）。当时计成为52岁，而阮大铖约47岁。正因崇祯二年（1629）"定逆案，论赎徒为民，终庄烈帝世，废斥十七年，郁郁不得志"，阮大铖刚刚过了5年的庶民生活。

阮文还有"銮江地近，偶问一艇于寤园柳淀间，寓信宿，夷然乐之"，得知仪征境内銮江附近，有计成规划构筑的汪士衡寤园，阮大铖常常访问并留宿其间。

1634年的钱谦益归隐在家，在社会上声誉日隆，正"等"着6年以后（1640）柳如是的到来。在柳如是来嫁之前，钱谦益有的是时间，与士林友人消磨，其中就有计成或称周安期。

柳如是（1618—1664），出生浙江嘉兴，本名杨朝，字朝云，小名还有云娟、婵娟、阿云，后改名杨爱，号影怜。吴江盛泽镇与嘉兴毗邻，以蚕桑闻名于江南，其时客商云集，经济通达，妓业繁荣。大约是家境破败，十多岁的杨爱从嘉兴被卖到了盛泽镇归家院的徐氏做养女。在杨爱13岁（1631）时，被吴江罢官回乡的周道登（？—1633）买回做丫环，后纳为妾。不到一年便被逐出周家，重返徐氏的归家院。随后，杨爱在松江一带彩船漂流，多与文人雅士交游。人事波折反复之余，再返归家院，改姓柳名是，字如是。其后又流连杭州、嘉兴。终于1640年，22岁的柳如是访问58岁的钱谦益于常熟半野堂，共筑"我闻室"爱巢。

柳如是比计成小36岁，本来是两路人，无须牵扯，但是由于钱谦益的关系，也算有同乡之谊。加之柳如是后来在南明时期与阮大铖昆曲知音，宴饮唱和，并陪时任兵部尚书的阮大铖于南京燕子矶检阅南明军队。计成应该与其相识。而柳如是姓名屡改，亦见人生险恶，坎坷多变，而不得已。

回过头看，与钱谦益相比，阮大铖却声名狼藉，虽然同是归隐，最初迫害东林党人时，阮大铖正是阉党积极分子，相传炮制东林党点将录，曾将钱谦益圈入。

如今，两人的境遇不同，心境也不同。阮大铖在南京臭名昭著，被复社人士抨击。等待时机，投靠马士英，两人狼狈为奸。而钱谦益长期闲居，声誉虽佳，但是经济窘迫，加之也有政治野心，投靠了马士英，而成为了南明小王朝的礼部尚书。

阮大铖借钱谦益的清誉洗刷自己，钱谦益是借阮大铖与马士英的势力。钱谦益是私心太重，阮大铖是诡计无穷；两人一起玩时，还拉进去了柳如是，唯独不见了计成。

钱谦益是"红粉情多青史轻"（清·袁枚）。1645年的5月，钱谦益为首开城门，迎降清豫亲王多铎。随后钱谦益卖命地为清招抚江南士人，以至北上再过清政府的官瘾。后来的钱谦益虽然也做了一些反清复明的事情，已经没有什么太大的意义了，多是因为私心慰藉的需要。

阮大铖在南京沦陷前逃跑了。第二年降清，并带着清军搜捕抗清的义军，最终是暴死于福建仙霞岭。

这一系列巨变中，只有一个人在冷眼旁观。不管这个人是在苏州，还是润州，还是扬州，或者常州。

如果是周安期，这一年已是63岁。当初周宗建因忠烈被阉党"毙之狱"，是一种发自内心的手足惨痛，而"忠贤败，诏赠宗建太仆寺卿，官其一子。福王时，追谥忠毅"，尚有少许精神上的平复。而如今的乱世，恐怕也只有无声的结局！

如果是计成，也是63岁。一帮高谈阔论的故人，降的降，逃的逃，乱世之中，痛恨与无奈，手中还拿着一卷有阮大铖题"冶叙"的《园冶》，也是感慨万千！苟全性命于乱世，还修什么园林？真可谓：看破世事惊破胆，识透人情冷透心！

南京沦陷前十年时，计成已在《园冶·自识》中说："崇祯甲戌岁，予年五十有三，历尽风尘，业游已倦，少有林下风趣，逃名丘壑中，久资林园，似与世故觉远。惟闻时事纷纷，隐心皆然，愧无买山力，甘为桃源溪口人也。自叹生人之时也，不遇时也。武侯三国之师，梁公女王之相，古之贤豪之时也，大不遇时也！何况草野疏遇，涉身丘壑，暇著斯'冶'，欲示二儿长生、长吉，但觅梨栗而已。故梓行，合为世便。"此"予年五十有三"当为虚岁，与前后文实指年龄不矛盾。

文中对"予年五十有三，历尽风尘，业游已倦"的感慨，又有"似与世故觉远，惟闻时事纷纷，隐心皆然，愧无买山力，甘为桃源溪口人也。自叹生人之时也，不遇时也"的悲歌。但是，"暇著斯'冶'"一是为了"欲示二儿长生、长吉，但觅梨栗而已"；二是"故梓行，合为世便"。

同时也应和了郑元勋提出"宇内不少名流韵士，小筑卧游，何可不问途无否？但恐未能分身四应，庶几以《园冶》一编代之。然予终恨无否之智巧不可传，而所传者只其成法，犹之乎未传也。但变而通，通已有其本，则无传，终不如有传之足述。今日之'国能'即他日之'规矩'，安知不与《考工记》并为脍炙乎？"（《园冶·题词》）。

第二年，郑元勋在崇祯乙亥年（1635）时，于自家的扬州影园作《园冶·题词》时写道"予与无否交最久，常以剩山残水，不足穷其底蕴"，使人得知1635年，当时计成53岁，帮助其完成构筑了"影园"。

郑元勋（1598—1644），安徽歙县人，字超宗，号惠东，崇祯十六年（1643）进士。郑元勋这个人很有意思，为明末扬州社会的名士，曾邀约江楚之间的诸多名流诗人，雅集"影园"参加"黄牡丹"诗会，吟咏黄牡丹，并请钱谦益匿名评出诗作的第一名，由他用黄金铸成一对酒觥予以奖赏，一时江左轰动，传为佳话。郑元勋有诗集《媚幽阁文娱》，筑有扬州"影园"，在计成帮助下规划完成。

1643年，郑元勋45岁中进士，却在一年后被人误杀，终年46岁。南明政权初立，养虎为患，军阀拥兵自重，江北四镇的军阀高杰，企图据兵扬州，遭到民众的抵抗。郑元勋好事多舌，出面调停，与高杰协议安置官兵亲眷。扬州民众于愤懑中，群起攻击郑元勋，泄其怨恨，当场将其击毙，白白地丧失其性命。

计成生活的时代是天崩地裂的时代。计成交游的友人或隐或显，多为时局中人，而郑元勋、阮大铖、曹元甫、钱谦益等人结局虽然不同，但是多与计成相友善，亦知计成非仅仅营造园林的"鸠匠"，与一般造园家还是不同，而是进入上流社会的雅士。探究与计成往来的那些人物，也许我们能够从中体会到些计无否"自叹生人之时也，不遇时也"的心情。

## 四

明清之际的裂变中，一时群雄并起，鱼龙混杂，政治、军事、文化等方面，人事纷纭，跌宕起伏。但是晚明社会还有一个特殊的现象，就是涌现出一大批"能工巧匠"式的学者。如徐光启（1562—1633）《农政全书》，宋应星（1587—？）《天工开物》，天启七年刻印的王徵（1571—1644）笔译《远西奇器图说》，文震亨（？—1644）《长物志》，以及万历年间刻印的《鲁班经匠家镜》，万历年间的周履清《群物奇制》，甚至徐霞客（1586—1641）《徐霞客游记》等。还有前文提及的吴江地区的"实学"代表人物。

这些著述既不同于科举考试的八股文章，也不是空谈"性命"的学理大义，而是以"经世致用"为目标，关心社会生存的"实学"。宋应星说："此书于功名进取毫不相关也！"（《天工开物·自序》）。

计成，字无否。"否"意应为《易经》卦象中的"否"。细读之下，发现"否"与计成的一生经历真有暗合形似的地方。《易经》上说，否卦是象征着由泰变否的过程，并非是人为的原因，也有天时的变化，因此要贞正自守。君子要以德行约守自己以避免灾难，不可以妄求荣耀的财富。这里既包含了个人家境破败的遭遇，也有着明清之际裂变的预兆，甚至也有与阮大铖的交往，导致《园冶》的近于湮没的潜因。

《易经》"否卦"中的"初六：拔茅茹以其汇"，讲否卦的第一爻，就是拔起茅草，贯通汇集。这正应计成的造园活动。当然，计成最初的命名意义，还是"象曰，天地不交，否"，"无否"即"成"。但是，这个"无"，是计成与时代和命运抗争的过程，最终还是"自叹生人之时也，不遇时也"。

在这些社会背景中，计成《园冶》的出现也就不是偶然的现象。

江南私人园林艺术在明代中晚期的开始兴盛，一方面是社会经济水平的提高；另一方面，也是个人生存与专制社会的矛盾，因而出现了大量息政退思、独善其身的兴造园林的风气。汇江河山川，聚古木奇石，演化出人间仙境，终于一园，的确是一种园林文化极致的所在。园林也就成为了人生最后的退养之地。

计成生活的江南，无论是"松陵"，还是"润州"、"銮江"，社会需求对于文化发展的推动，也导致作为造园思想和技术水准的最高经典《园冶》的必然出现。

《园冶》全书文字约1.8万字，各类插图共235帧。《园冶》全书分为三部分：卷一为兴造论，有园说、相地、立基、屋宇、装折；卷二为栏杆；卷三为门窗、墙垣、铺地、掇山、选石、借景等内容，是明代中晚期造园技术经验的全面精辟总结。

计成在《园冶·兴造论》的"世之兴造，专主鸠匠，独不闻'三分匠，七分主人'之谚乎？非主人也，能主之人也"，强调"非主人也，能主之人也"的观点，即能够主持造园的设计家作用。而《园冶·园说》中对造园"虽由人作，宛自天开"的立意；《园冶·兴造论》"巧于因借，精在体宜"的构思、"极目所至，俗则屏之，嘉则收之"的理想；到《园冶·相地》"多年树木，碍筑檐垣；让一步可以立根，斫数桠不妨封顶。斯谓雕栋飞楹构易，荫槐挺玉成难"的经验，恐怕不仅仅是造园的问题，还有人生沉浮的感言。

《园冶·掇山》一节中，提出了"欲知堆土之奥妙，还拟理石之精微。山林童味深求，花木情缘易逗。有真为假，做假成真；稍动天机，全叨人力"的观点，成为了一种造园技术的文化精华所在。而"有真为假，做假成真；稍动天机，全叨人力"的"真"、"假"、"人"的不同含义，也是作者智慧的结果。与后来《红楼梦》中"假作真时真亦假，无为有处有还无"的叹谓，有着异曲同工的味道。

《园冶·选石》中，计成有"予少用过石处，聊记于右，余未见不录"的记录，反映了作者认真细致的工作态度。同时，也大约知道计成从定居镇江之后，曾造园采石所到过苏州太湖洞庭山，昆山马鞍山，宜兴张公洞、善卷洞，常州黄山，南京六合、句容龙潭、青龙山，安徽灵璧、巢湖南面、宁国，江西湖口，广东英德等地，流连于苏、皖、赣、粤之间，穿梭奔走，指挥工匠，调度山石，见闻经验与日俱增。因此，《园冶》的成书，不是坐而论道，而是身体力行。

这种学风标志着当时社会文化风气的进步，也是数百年后，《园冶》依然光彩夺目的根本原因。《园冶》凝聚着中国造园设计文化的内蕴。

中国当代社会经济生活水平的提高，人们对自然人文的向往，园林生活的方式，又一次呈现在人们目前。《园冶》中完整深刻的造园理论，正成为一种追古知今的思想文化资源。

然而，《园冶》数百年来被湮没，流失国外；数十年来的研读，多在建筑界的范围内，只是近年刚刚走进社会生活中。因此，还需要更多的人解读、体味其中的涵义。计成是松陵的计成，也是中国的计成；是明代的计成，也是现代的计成。

吴江的朋友们翻译、出版《园冶新译》，是一件功德无量的好事，既深切缅怀桑梓先哲，又为社会大众提供了清新雅致的阅读文本。

长安夏夜，月光泻地。我翻阅着《园冶新译》，脑海中不断闪现着绿色凉意的江南水乡。由此想起汉唐时的丝绸，也多是从江南运往长安，再由长安运往西域。长安成为丝绸之路的起点，是因为有一条条从江南牵引过来的丝线。

是为序。

西安美术学院教授　赵农
2004年8月于西安风物长宜之轩

# 目 录

### 第一章 《园冶》新译

#### 卷一

## 第二章　计成与《园冶》探讨

## 第三章　吴江名园

## 附录

## 后记

第一章 《园冶》新译

# 冶叙

从小我想学汉代向长平和禽庆那样遍游五岳名山，隐逸山林的志趣，苦于走上仕途而身不由己。眼下正好落职在家，自以为平生的志向可以实现了，但是，当今四方战乱，又有父母需要奉养，仍不能去自在遨游。我常常问自己，难道只能绕鸡窝猪圈，同家人亲戚一起相伴终生吗？

我住的地方离仪征不远，随意雇了一只小船，到满目柳树和池塘间住了两夜，使我非常高兴。园中玲珑的丘壑巧妙地布置在篱落中间，既有园林之胜，又有奉养老人和读书之处，一切安排妥帖得简直找不出半点毛病。看到这些，让我对那些全副装备跋山涉水汗流浃背远出的游人，感到有些可笑了。

这里有园林，而且还有造园的专门著作。写这本书的是松陵计无否，而将书名题为"园冶"的，是我的朋友当涂的曹元甫。

计无否为人朴实直爽，聪敏而非常有想象力。那些世俗习气，在他面前简直是无地自容。他的诗和画也如其人，难怪曹元甫这样推崇他。

由此，我将把住宅边一块荒废的地方，整理出来，叠假山挖池塘建造一个园林，作为读书弹琴的场所。每当良辰佳节，侍奉父母欢聚于园中。我要学老莱子穿五彩衣，唱紫芝曲，为老人敬酒祝寿，就这样高高兴兴地度过晚年。当然，计先生的才能实现了我的愿望。我也满满地敬上一杯酒，酬谢计先生。

歌停舞罢，明月初升，园林静寂，我再来问曹元甫，他还能说什么呢？

时值崇祯甲戌（1634）四月，春色满园，小鸟依人，我欣然提笔书于美景之下。

石巢阮大铖

〔原文〕余少负向、禽志，苦为小草所绁。幸见放，谓此志可遂。适四方多故，而又不能违两尊人菽水，以从事逍遥游，将鸡坩、豚栅、歌戚而聚国族焉已乎？銮江地近，偶问一艇于寤园柳淀间，寓信宿，夷然乐之。乐其取佳丘壑，置诸篱落许；北坨南陵，可无易地。将嗤彼云装烟驾者汗漫耳！兹土有园，园有"冶"。"冶"之者松陵计无否。而题之"冶"者，吾友姑孰曹元甫也。无否人最质直，臆绝灵奇。侬气客习，对之而尽。所为诗画，甚如其人。宜乎元甫深嗜之。予因剪蓬蒿瓯脱，资营拳勺，读书鼓琴其中。胜日，鸠杖板舆，仙仙于止。予则着五色衣，歌紫芝曲，进觥觎为寿。忻然将终其身，甚哉。计子之能乐吾志也。亦引满以酌计子。于歌余月出，庭峰悄然时，以质元甫。元甫岂能已于言？

崇祯甲戌清和届期，园列敷荣，好鸟如友，遂援笔其下。

石巢阮大铖

# 题词

古代的各种技艺都有书传于后世，为什么唯独没有传授造园的著作？有人说，"园林有各种不同的情况，没有统一的建造法则，不能用专门的著作来传授。"究竟有哪些不同情况呢？简文帝以帝王之贵建了"华林园"，西晋富可敌国的石崇建有"金谷园"，而战国时穷困潦倒的陈仲子只能在于陵有一块小小的园圃。这就是园要因人而宜，要按人的富贵与贫困而建造，不可以弄错的。

如果本来没有山高林密的幽静环境，而偏要假借什么"曲水流觞"的美名；极少雅致的篱落和高大的银杏，却非要冒充王维的"辋川别业"，那还不是丑女老妇涂脂抹粉，反而显得更加难看吗？这就是自然条件不同，要因地而宜，造园者必须加以考虑。

只要主人胸中有山水景观的规划，造园时可以精工细作达到完美，也可以做得简朴粗放别有情趣。不然，勉强地去进行建造，完全依赖石匠泥工，而无通盘的规划，其结果必然是水没有潆绕映带的情趣，山没有环回呼应的气势，花草树木不合掩藏显露的布局，这又怎么能带来园居生活的乐趣呢？

最苦恼的是，如果主人有了叠山理水的规划，但他的打算不能明明白白地告诉工匠。工匠又只会墨守成规呆板地进行营造，不会变通和创造性地发挥，最后只能使主人受到委曲，不得不放弃自己的打算而迁就工匠。这样岂不是太可惜了。

计无否的造园变化于心，构思精巧不落俗套，是一般人所做不到的。他能现场指挥，又富有实际操作能力，能使顽夯的石头变得灵奇，闭塞的空间变得流畅。这就是他被人称颂、令人愉快的地方。

我和计无否交往很久了，深切地感到小园林的山水造景，远不足以发挥他的聪明才智。真想把天下名山集中在一起，让天上的力士供无否驱使，搜集天下所有的奇花、瑶草、古木、仙禽供无否点缀，使大地焕然一新，这才是大快人心的好事。可惜没有这样的大主家。那么，无否造园就只能大而不能小吗？那倒也不是。所谓地方和人物的对象不同，善于用地和因人制宜，这方面是谁也比不上无否的。

就拿我在城南建造的影园来说，地处芦荡和柳岸之间，地方又比较小。经过无否略加规划，就别有一番灵秀和幽深的意境。我自以为懂得一些造园知识，但相比无否来说，简直就是不会做窝的笨鸟了。海内那些想要造园林的名流雅士，何不去请教计无否呢？可惜他分身无术，难以同时满足那么多人的愿望，或许可以用他所著的《园冶》来代劳。

然而，我总觉得，无否的智慧和技术是无法传授的，能传的只是他的现成做法。虽然这样的传和不传是差不多的，但能学他的做法再加以变通，也就可以了。这样，有这本书，总比没有要好。

计成那堪称当今最高水平的造园技艺，今后必定成为造园的法则。谁敢说《园冶》不会像《周礼·考工记》那样，为后人所推崇呢？

崇祯乙亥（1635）五月初一，友弟郑元勋书于影园。

〔原文〕古人百艺，皆传之于书，独无传造园者何？曰："园有异宜，无成法，不可得而传也。"异宜奈何？简文之贵也，则华林；季伦之富也，则金谷；仲子之贫也，则止于陵片畦。此人之有异宜，贵贱贫富，勿容倒置者也。若本无崇山茂林之幽，而徒假其曲水；绝少"鹿柴"、"文杏"之胜，而冒托于"辋川"，不如嫫母傅粉涂朱，只益之陋乎？此又地有异宜，所当审者。是惟主人胸有丘壑，则工丽可，简率亦可。否则强为造作，仅一委之工师、陶氏，水不得潆带之情，山不领回接之势，草与木不适掩映之容，安能日涉成趣哉？所苦者，主人有丘壑矣，而意不能喻之工。工人能守不能创，拘率绳墨以屈主人，不得不尽贬其丘壑以徇，岂不大可惜乎？此计无否之变化，从心不从法，为不可及；而更能指挥运斤，使顽者巧、滞者通，尤足快也。予与无否交最久，常以剩水残山不足穷其底蕴，妄欲罗十岳为一区，驱五丁为众役，悉致琪华、瑶草、古木、仙禽供其点缀，使大地焕然改观，是亦快事。恨无此大主人耳。然则无否能大而不能小乎？是又不然。所谓地与人俱有异宜，善于用因，莫无否若也。即予卜筑城南芦汀柳岸之间，仅广十笏，经无否略为区画，别现灵幽。予自负少解结构，质之无否，愧如拙鸠。宇内不少名流韵士小筑卧游，何可不问途无否？但恐未能分身四应，庶几以《园冶》一编代之。然予终恨无否之智巧不可传，而所传者只其成法，犹之乎未传也。但变而通，通已有其本，则无传终不如有传之足述。今日之国能，即他日之规矩。安知不与

《考工记》并为脍炙乎?

　　崇祯乙亥午月朔，友弟郑元勋书于影园。

# 自序

　　我年轻时，绘画小有名气，非常喜欢奇思妙想，最喜爱关仝、荆浩的山水写真笔意，经常学习他们的画法。我曾游历过京都、楚州等地，中年回到家乡吴江，后来选择到镇江定居。

　　镇江四周都是山水佳景。当地喜好山水园林的人，把玲珑奇巧的石头安放在竹木丛中作为假山，我偶然看到了，不觉为之一笑。有人问我："为什么发笑？"我说："平时说有真的便有假的，为什么不按真山的形态来叠假山，而要叠得像迎春神时摆的一个个小泥菩萨呢？"有人问："你能行吗？"我就随意堆了一座峭壁山，众多围观者都称赞说，"确实像一座好山。"于是，我的名声就播扬出去了。

　　正好，常州有位当过江西布政司参政的吴玄（又于）听到这个消息，就来聘请我。他在常州城东买了一块地，是元朝宰相（参知政事）温迪罕秃鲁花的旧园子，有十五亩。吴先生对我说："用十亩地建住宅，剩下五亩，仿照司马光的独乐园样子造个园林。"我实地考察了园址，园内最高的地方是座土墩，最低处是小河浜，乔木参天，弯弯的树枝拂地。我说："在这里造园，不仅要叠石为山，而且要挖深水池，让乔木在山腰成参差不齐之势，裸露蜷曲的根盘嵌在石头的缝隙中，使之具有山水画的意境。邻水依山建些亭台，高低错落在水池之上，加上弯曲的深溪和高处的飞檐走廊，必然会产生意想不到的美景。"园建成后，吴先生高兴地说："从进园到出园，仅仅几百步路，好比江南山水美景都归我所有了。"

　　另外，我还建造了一些小的园林。虽然只是片山斗室，但我感到自己的一些奇思妙想都付诸了现实，因此也非常高兴。此时，有个叫汪士衡的中书，请我到仪征，让我在城西给他建一个园林。这个园我也比较满意，可以和又于先生的园同时驰名于长江南北。

在空闲的时候，我将造园的图纸和文稿编成一部书，称之为《园牧》。当涂曹元甫先生到此地游览，主人邀我陪他游览两天。元甫先生对我所造的园林称赞不已，认为整个园林简直就是一幅荆浩、关全的山水画，还问我能不能把造法写成书呢？我便将《园牧》拿出来请他指教。他看了后说："这是千古未曾有过，也未曾听说过的事情，为什么叫《园牧》？这是你的一大首创，叫《园冶》才贴切。"

崇祯辛未（1631）秋末，否道人闲时题于扈冶堂中。

〔原文〕不佞少以绘名，性好搜奇。最喜关全、荆浩笔意，每宗之。游燕及楚，中岁归吴，择居润州。环润皆佳山水。润之好事者，取石巧者置竹林间为假山。予偶观之，为发一笑。或问曰："何笑？"予曰："世所闻有真斯有假。胡不假真山形，而假迎勾芒者之拳磊乎？"或曰："君能之乎？"遂偶为成"壁"，睹观者俱称："俨然佳山也。"遂播闻于远近。适晋陵方伯吴又于公闻而招之。公得基于城东，乃元朝温相故园，仅十五亩。公示予曰："斯十亩为宅，余五亩，可效司马温公'独乐'制。"予观其基形最高，而穷其源最深，乔木参天，虬枝拂地。予曰："此制不第宜掇石而高，且宜搜土而下。令乔木参差山腰，蟠根嵌石，宛如画意。依水而上，构亭台错落池面，篆壑飞廊想出意外。"落成，公喜曰："从进而出，计步仅四里。自得谓江南之胜，惟吾独收矣。"别有小筑，片山斗室，予胸中所蕴奇，亦觉发抒略尽，益复自喜。时，汪士衡中翰延予銮江西筑。似为合志，与又于公所构，并骈南北江焉。暇草式所制，名《园牧》尔。姑孰曹元甫先生游于兹，主人偕予盘桓信宿。先生称赞不已，以为荆、关之绘也，何能成于笔底？予遂出其式视先生。先生曰："斯千古未闻见者，何以云'牧'？斯乃君之开辟，改之曰'冶'可矣。"

时崇祯辛未之秋杪，否道人暇于扈冶堂中题。

# 卷一

# 兴造论

一般建造宅园，完全依赖于工匠，难道没有听说"三分匠人，七分主人"的谚语吗？所说的主人，并非宅园的主人，而是主持造园的人。古时候，公输般、陆云那样的能工巧匠，并不是一般操斧头凿子的匠人。如果工匠能雕镂，或按式样制作屋架，虽然做得很精巧，但对一梁一柱只能照常规做，不会作任何变更和创新，俗话说"笨木匠"确实有道理。

所以，凡需造园必须首先考察地形并进行规划，确定房屋的开间宽度和进数，随地基的宽窄安排房屋和院落，使之得体合理，恰到好处。既不可死守成法，也不可马虎从事。

假如地形偏缺不齐，何必强求方方正正，屋架何必一定要非三间即五间，院落一定要几进呢？哪怕只有半间或一个廊棚，只要合乎自然便好。这就是"主人七分"的作用了。主持造园的人，应该起十分之九的作用，工匠只能起十分之一的作用。为什么呢？因为园林的巧妙在于"因"、"借"和"体"、"宜"。这绝非一般工匠能办到的，亦不是凭园主的主观想法所能解决的，需要找到能干的主持者，才能事半而功倍。

所谓"因"，就是随地势的高低和地基的形状进行规划。确实妨碍的树木可略加修剪，流动之水可以引注到石上，互相资借形成美景；该建亭处建亭，该造榭处造榭，园中小径不妨高低蜿蜒，自然弯曲。这就叫作"精而合宜"。

所谓"借"，就是园林虽有内外的区别，但形成景观则不论远近。那蓝天山峦相互映衬的秀色，庙宇中殿堂凌空的胜景，只要是可以看得见的，不好的应设法遮蔽，好的应当尽收眼底。不问田头地角，务使全部化为烟云之景。这就是"巧而得体"。

如果"体、宜、因、借"没有适当的主持人，而且又一味吝啬费用，必然会前功尽弃。即使有如公输（鲁班）和陆云这样的能工巧匠，也难以建成传世的好园林。我担心造园的技艺失传，特地绘制各种图样汇集成册，给与我有同样爱好的人共享。

〔原文〕世之兴造，专主鸠匠。独不闻"三分匠，七分主人"之谚乎？非主人也，能主之人也。古公输巧，陆云精艺。其人岂执斧斤者哉？若匠惟雕镂是巧，排架是精，一梁一柱定不可移，俗以"无窍之人"呼之，甚确也。故凡造作，必先相地立基，然后定其间进。量其广狭，随曲合方，是在主者能妙于得体合宜，未可拘率。假如基地偏缺邻嵌，何必欲求其齐，其屋架何必拘三五间，为进多少，半间一广自然雅称，斯所谓"主人之七分"也。第园筑之主犹须什九，而用匠什一，何也？园林巧于"因"、"借"，精在"体"、"宜"，愈非匠作可为，亦非主人所能自主者，须求得人，当要节用。"因"者，随基势之高下，体形之端正，碍木删桠，泉流石注，互相借资。宜亭斯亭，宜榭斯榭，不妨偏径，顿置婉转，斯谓"精而合宜"者也。"借"者，园虽别内外，得景则无拘远近。晴峦耸秀，绀宇凌空，极目所至，俗则屏之，嘉则收之，不分町疃，尽为烟景，斯所谓"巧而得体"者也。体、宜、因、借，匪得其人，兼之惜费，则前工并弃。即有后起之输、云，何传于世？予亦恐浸失其源，聊绘式于后，为好事者公焉。

# 园说

　　凡是建造园林，不论乡村还是城市，以地方僻静为胜。地上杂草树木，整理时也要有选择地铲除，有的留下来可以成为景观，修剪时更要小心。山间小溪边，应考虑建些汀兰岸芷的幽景。园中小径两旁应栽梅、种竹、植石。建造厅堂屋宇应有长期的打算。围墙上攀缘紫藤葛萝，可以使其隐隐约约，让屋顶连绵延伸于树冠丛中。登山楼远眺，满目烟云；入竹林探幽，心旷神怡。

　　屋宇必须高爽，窗户要并排多开几个，可以将千顷之汪洋、四时之烂漫尽收眼底。梧荫盖地，槐荫当庭。沿堤种柳，绕屋植梅。搭茅屋于竹林之中，还要挖一条长长的小溪。叠成的壁山如锦屏，高耸的峰峦青翠碧绿。虽由人工建造，却如天然形成。圆窗中可看到远处的古刹，好比唐朝李昭道画的小景；劈石堆起的假山峰峦，就像元朝黄子久的山水画。

　　与庙宇为邻，可以听到雄浑的梵音。远处的高山最适宜于借景，能使人感到秀色可餐。缥缈的道观紫气青霞，悠扬的仙乐隐约送到枕边。池水边到处是浮萍红蓼，矶石上栖息着成群的鸥鸟。

　　游山可乘坐抬舆滑竿代步，玩水则应带栩杖信步而往。城墙高斜半空，长桥横跨水上。用不着羡慕王维的"小辋川"，何必去眼红石崇的"金谷园"。一弯曲水就像苏州吴王的"消夏湾"，百亩园林堪比镇江刁约的"藏春坞"。

　　饲鹿可以伴游，养鱼方便垂钓。夏日，凉亭中举杯畅饮，竹荫下乘凉饮冰。冬天，暖阁里围炉烤火，铜吊中雪水烹茶。闲情悠适，一切烦恼都抛之脑后。夜听雨打芭蕉，仿佛断线珍珠飞溅；晨看风拂柳丝，恰似江南少女起舞。窗前栽青竹，别院种梨树。淡淡的月光下，瑟瑟的风声里，竹影轻扫案头琴书。曲池水面波光粼粼，几席上清气徐来，胸臆中尘俗顿消。

　　园林中，窗和门没有固定格式，必须与整体风格相符；栏杆式样可随手画成，但要和周围环境协调。各种制式一定要推陈出新。这样做，虽不能形成宏大的景观，但可使局部得到美化。

　　[**原文**] 凡结林园，无分村郭。地偏为胜，开林择剪蓬蒿；景到随机，在涧共修兰芷。径缘三益，业拟千秋。园墙隐约于萝间，架屋蜒蜒于木末。山楼凭远，纵目皆然。竹坞寻幽，醉心即是。轩楹高爽，窗户虚邻；纳千顷之汪洋，收四时之烂漫。梧阴匝地，槐荫当庭；插柳沿堤，栽梅绕屋。结茅竹里，浚一派之长源；障锦山屏，列千寻之耸翠。虽由人作，宛自天开。刹宇隐环窗，仿佛片图小李；岩峦堆劈石，参差半壁大痴。萧寺可以卜邻，梵音到耳；远峰偏宜借景，秀色堪餐。紫气青霞，鹤声送来枕上；白蘋红蓼，鸥盟同结矶边。看山上个篮舆，问水拖条枥杖。斜飞堞雉，横跨长虹；不羡摩诘辋川，何数季伦金谷。一湾仅于消夏，百亩岂为藏春。养鹿堪游，种鱼可捕。凉亭浮白，冰调竹树生风；暖阁偎红，雪煮炉铛涛沸。渴吻消尽，烦顿开除。夜雨芭蕉，似杂鲛人之泣泪；晓风杨柳，若翻蛮女之纤腰。移竹当窗，分梨为院。溶溶月色，瑟瑟风声，静扰一榻琴书，动涵半轮秋水。清气觉来几席，凡尘顿远襟怀。窗牖无拘，随宜合用。栏杆信画，因境而成。制式新番，裁除旧套。大观不足，小筑允宜。

# 一、相地

　　园林的地基方位上没有限制，地势也可以随高就低，但进入园门必须要有山林意趣。造景必须因势随形，或依傍山林，或外通河塘。到近郊探奇观，必须远离热闹的交通要道；在乡村觅胜景，一定要有高低错落的树林。

　　在乡村造园有利于远眺，城市中建园适合于家居。新建园林易于规划，可惜只能栽种杨柳、移植翠竹。旧园林改造妙趣横生，得益于原来的老树花草。

　　园基地形多种多样，方则随其方，圆则循其圆，坡者借其坡，弯曲者依其弯曲。长而弯的则可造成环璧形。如果是阔而倾斜之地，建筑物可以层层而上如铺云。高隆处可建亭台，低凹处掘成池沼。

　　建房选址贵在临近水面，立基时要先考察水的源头，弄清水流的来龙去脉，并切实加以疏通。小溪上可以建造架空的虚阁，上有房舍，下有水道。夹弄虽然朝天，但可以用浮廊连接。倘然中间嵌入他人的景致，只要有一线相通，就不能算隔绝，反而适宜用来作借景。如果隔壁院子有花，墙上一定要留空隙，虽然只能看到一点点，却可以借些春光，感受春天的意境。

　　河上架设桥梁，可以直通到对岸的房舍；石块垒成围墙，好比居住在苍茫的山间。建造房屋时，如果那些古木大树有妨碍，房屋退一步还是可以建起来的。迫不得已时，也只能在不妨碍树木生长的情况下，稍微作些修剪，不影响房屋封顶就可以了。要知道，建造雕栋飞檐的楼阁很方便，栽成高耸挺拔的大树可不容易。

　　总而言之，规划布局合理，所造出的园林也必然得体。

　　〔原文〕园基不拘方向，地势自有高低。涉门成趣，得景随形，或傍山林，欲通河沼。探奇近郭，远来往之通衢；选胜落村，藉参差之深树。村庄眺野，城市便家。新筑易乎开基，只可栽杨移竹。旧园妙于翻造，自然古木繁花。如方如圆，似偏似曲，如长弯而环璧，似偏阔以铺云。高方欲就亭台，低凹可开池沼。卜筑贵从水面，立基先究源头。疏源之去由，察水之来历。临溪越地，虚阁堪支。夹巷借天，浮廊可度。倘嵌他人之胜，有一线相通，非为间绝，借景偏宜。若对邻氏之花，才几分消息，可以招呼，收春无尽。驾桥通隔水，别馆堪图；聚石垒围墙，居山可拟。多年树木，碍筑檐垣，让一步可以立根，斫数桠不妨封顶。斯谓雕栋飞楹构易，荫槐挺玉成难。相地合宜，构园得体。

## （一）山林地

建园林以山林为最好。山地地势有高有低，有曲有深，有陡峰悬崖，也有平坦宽畅之地，中间自有一些天然之趣，施工中可以省去不少人工。

在山隙中疏通水源，将低洼处开作池塘。挖掘土方，开凿岩洞，清理山麓。培土成山，建造房屋，接通长廊。诸多参差古树，可使楼阁依稀出没在云霞；满地繁花似锦，亭台高低错落在水边。山涧里架桥梁，峭壁上修栈道。悠闲地欣赏胜景，幽静中探询春光。小鸟依人，群鹿为友。庭园中栽种不同季节的花木，园门前一湾小溪碧水长流。竹林小馆寻胜探幽，松林小屋僻静安逸，可以听松涛阵阵，可以看鹤舞翩翩。台阶前自己扫白云，梅岭上谁人锄月亮。群山环列似屏，山间小溪长流。想要学陶渊明游历山水，不必乘竹轿而出，只要像谢灵运穿登山屐，去寻山就可以了。

［原文］园地惟山林最胜。有高有凹，有曲有深，有峻而悬，有平而坦。自成天然之趣，不烦人事之工。入奥疏源，就低凿水。搜土开其穴麓，培山接以房廊。杂树参天，楼阁碍云霞而出没；繁花覆地，亭台突池沼而参差。绝涧安其梁，飞岩假其栈。闲闲即景，寂寂探春。好鸟要朋，群麋偕侣。槛逗几番花信，门湾一带溪流。竹里通幽，松寮隐僻。送涛声而郁郁，起鹤舞而翩翩。阶前自扫云，岭上谁锄月。千峦环翠，万壑流清。欲期藉陶舆，何缘谢屐。

## （二）城市地

城中闹市不适宜造园林。如在城中造园，必须选择偏僻幽静的地方。即使靠近闹市，也要关起门来就听不到喧闹声。逶迤的小径，越过林梢依稀望见城堞；蜿蜒的城濠，穿过小桥就可到达柴门。庭院宽敞可种伟岸的梧桐，河堤弯弯宜植婀娜的杨柳。这些树容易成林，也就不难建成园林。

造屋要随地形而规划，理水应用硬石筑驳岸。建亭台要注意造景，种植花草笑迎春风。多窗的虚阁建于桐荫之下，清清的池面上月影倒映。烟雨过后再现万里晴空，霞光映照室内四壁图书。飞泻的山瀑倒映在悬镜中，郊外峦岗好比环列的翠屏。

芍药种于护栏之中，蔷薇不应设置扶架，不妨爬攀石上，最忌编成篱屏。长期不加修理，花草不会保持繁茂。虽然只有片山寸石，堆叠得宜也会多姿多情。窗牖清明，蕉叶弄影；山岩崎峻，松根盘攀。

如果能在闹中取静，就近建成"城市山林"，何必舍近求远；清闲处即景，随兴即可携游。

〔原文〕市井不可园也。如园之，必向幽偏可筑。邻虽近俗，门掩无哗。开径透迤，竹木遥飞叠雉；临濠蜒蜿，柴荆横引长虹。院广堪梧，堤湾宜柳，别难成墅，兹易为林。架屋随基，浚水坚之石麓；安亭得景，莳花笑以春风。虚阁荫桐，清池涵月。洗出千家烟雨，移将四壁图书。素入镜中飞练，青来郭外环屏。芍药宜栏，蔷薇未架，不妨凭石，最厌编屏。未久重修，安垂不朽？片山多致，寸石生情。窗虚蕉影玲珑，岩曲松根盘磋。足徵市隐，犹胜巢居。能为闹处寻幽，胡舍近方图远。得闲即诣，随兴携游。

## （三）村庄地

过去喜欢田园生活的人，常住在农村。现在酷爱山水风光的人，以选择村庄建造家园为时髦。团团围上绿篱，处处都是桑麻。四周挖一条小河，堤岸上种满杨柳。房前屋后全是菜地，出门便是满目庄稼。

如果有大约十亩的地方，至少应开三亩的池塘。池岸曲折有情致，疏理水源不可少。剩下的七亩中，十分之四堆成土山。土山不论高低，最好种一片竹林。

厅堂宽畅，面对绿色田园；花木深深，能把重门掩蔽。叠石成山要看不出假，信步过小桥胜似摆渡。桃李园中辟有小径，楼台亭阁如在画中。将枸橘之类灌木密植在围墙下，或者围成绿篱墙，边上留出小路。篱墙上，要留出小狗进出的洞。要经常清理院子，刮苔藓扫落叶。秋天到蜂房割蜜前，要给禽鸟仙鹤贮备好充足的食料。

隐居林下，安闲自足，用不着为衣食奔走。想宴饮时，不妨顶风踏雪去买酒。这种怡然自得的田园生活，比起菜农不知要好上多少倍。

〔原文〕古之乐田园者，居于畎亩之中。今耽丘壑者，选村庄之胜。团团篱落，处处桑麻，凿水为濠，挑堤种柳，门楼知稼，廊庑连芸。约十亩之基，须开池者三。曲折有情，疏源正可。余七分之地，为垒土者四。高卑无论，栽竹相宜。堂虚绿野犹开，花隐重门若掩。掇石莫知山假，到桥若谓津通。桃李成蹊，楼台入画。围墙编棘，窦留山犬迎人；曲径绕篱，苔破家童扫叶。秋老蜂房未割，西成鹤廪先支。安闲莫管稻粱谋，沽酒不辞风雪路。归林得意，老圃有余。

### （四）郊野地

在郊外造园，要选择有平坦山冈、曲折山凹、丘岗起伏和高大茂密的树林，还要有溪水和泉源相通，河上可以架桥，离城市只有几里路，往来又很方便的地方。如果能找到这样的地方，那简直太好了。

要根据地势的高低、土地的大小来规划布局。用泥板墙筑围墙，在园内开挖类似汉朝习郁所开的池塘。开荒时要想到挖河道，保留杂树可以作为景点。开房基地沟时出现渗水，需要用大石块构建墙基。疏浚水流，延伸河道，架设桥梁，便于通行。

河湾柳堤间种桃树，绕屋梅林边栽翠竹。这样，无论春意料峭，还是月色朦胧，都会产生无限幽趣，又富于诗意。两三间暖阁足够御春寒，一二处静斋可以避酷暑。远处林间斑鸠啼雨，悬崖上骏马悲鸣。落花自有童子扫，款待来客篁竹间。任意寻芳，主人何劳过问，客人不必通名。

必须保留山水的独特风貌，不能破坏山林的固有环境。懂道理的人当然不会破坏，庸俗之辈却偏要乱来。

〔原文〕郊野择地，依乎平冈曲坞。叠陇乔林，水浚通源，桥横跨水。去城不数里，而往来可以任意，若为快也。谅地势之崎岖，得基局之大小。围知版筑，构拟习池。开荒欲引长流，摘景全留杂树。搜根带水，理顽石而堪支；引蔓通津，缘飞梁而可度。风生寒峭，溪湾柳间栽桃；月隐清微，屋绕梅余种竹。似多幽趣，更入深情。两三间曲尽春藏，一二处堪为暑避。隔林鸠唤雨，断岸马嘶风。花落呼童，竹深留客。任看主人何必问，还要姓字不须题。须陈风月清音，休犯山林罪过。韵人安裹，俗笔偏涂。

### （五）傍宅地

宅边屋后的空地也可以营造园林，不但方便游乐，而且能保护住宅周边的环境。开挖池塘，疏通沟壑，挑土培山，理石叠峰。开正门迎贵宾，留小道通内室。竹秀林茂，柳暗花明，营造安逸幽静的环境。

占地不拘大小，虽只有五亩，也可以仿造出宋代司马光的"独乐园"。四时鲜花不断，可和女眷同游。白天应时赏花，夜晚月下游园。家中宴饮，不必设锦障屏隔；宾朋诗会，输者照罚酒三斗。满壁名人题咏，好似洞天神仙。琴棋书画经常摊满几榻，修竹数竿犹如不尽烟雨。

涧边之室只求幽静，家中造山何须深远。宅居要有谢朓的高风亮节，待客就像孙登的睿智豪放。探梅赏景不必骑驴远出，煮雪烹茶自有姬妾侍弄。只愿将轻微之身寄托于天地之间，没有必要对世人指长论短。立身建业固然可以名垂千古，但人生苦短难得有百岁之久。安稳快乐地住在家中，有得清闲就该满足。

〔原文〕宅傍与后有隙地可葺园，不第便于乐闲，斯谓："护宅之佳境也。"开池浚壑，理石挑山。设门有待来宾，留径可通尔室。竹修林茂，柳暗花明。五亩何拘，且效温公之独乐；四时不谢，宜偕小玉以同游。日竟花期，宵分月夕。家庭侍酒，须开锦幛之藏；客集徵诗，量罚金谷之数。多方题咏，薄有洞天。常余半榻琴书，不尽数竿烟雨。砌户若为止静，家山何必求深。宅遗谢朓之高风，岭划孙登之长啸。探梅虚寒，煮雪当姬。轻身尚寄玄黄，具眼胡分青白。固作千年事，宁知百岁人。足矣乐闲，悠然护宅。

## (六) 江湖地

江湖之滨，柳堤芦滩边，简约地建一小园林，也可以造成很好的景观。江湖浩茫，群山缥缈。渔帆点点，鸥鸟翱翔。阳光透过层层薄云，洒向绿树掩隐的楼阁；宾主登临嵯峨亭台，遥看姣容渐露的新月。檀板一拍，轻歌曼舞，飞觞对饮，良宵千金。何必要像在缑岭上吹箫的子晋骑鹤而去？何必去学王母在瑶池边苦等周穆王乘舆赴宴？

能得安闲便是福，知道满足赛神仙。

〔原文〕江干湖畔，深柳疏芦之际，略成小筑，足徵大观也。悠悠烟水，淡淡云山，泛泛鱼舟，闲闲鸥鸟，漏层阴而藏阁，迎先月以登台。拍起云流，觞飞霞仁。何如缑岭堪谐子晋吹箫，欲拟瑶池若待穆王侍宴。寻闲是福，知享即仙。

# 二、立基

　　园林立基应以确定厅堂基础为主。首先要注意取景，方向以朝南为好。如果园基上有乔木数株，中庭应该保留一两株。筑墙要尽可能广大，要多留空地。这样就可以随意发挥，妥然安排。

　　挑选合宜之处建馆舍，其余地方构建亭台。建筑式样要随景而宜，装饰要得体别致。选方向时，千万不要听信风水先生的妄言，园门朝向应和厅堂的方向相符。

　　挖土开池，堆土成山，沿池驳岸，砌石造型。曲曲池水，柳垂塘堤，清波辉映明月。十里荷塘，阵阵清风，幽室充满荷香。编篱种菊，仿照陶潜旧事；开荒栽梅，学张九龄之举。种竹林可以寻幽，栽花草应该合景。桃李林中小径，蜿蜒通达渡口；池塘水中倒影，仿佛缥缈龙宫。一脉长流深含秋色，古树重荫可度酷暑。若是小河蜿蜒通到外面，园内适当地方需要造桥梁。砍伐林木应斟酌是否符合造园主题，建造房屋要考虑一年四季各种用途。

　　房廊蜿蜒如篆，楼阁崔巍入云，可动"江流天地外"之情思，又合"山色有无中"的妙趣。随兴平眺远景，遥望崇山峻岭。立基础时，高处要筑高以增其势，低处要开挖以显其深。

　　[原文]凡园圃立基，定厅堂为主。先乎取景，妙在朝南。倘有乔木数株，仅就中庭一二。筑垣须广，空地多存，任意为持，听从排布。择成馆舍，余构亭台。格式随宜，栽培得致。选向非拘宅相，安门须合厅方。开山堆土，沿池驳岸。曲曲一湾柳月，濯魄清波；遥遥十里荷花，递香幽室。编篱种菊，因之陶令当年；锄岭栽梅，可并庾公故迹。寻幽移竹，对景莳花。桃李不言，似通津信。池塘倒影，拟入鲛宫。一派涵秋，重阴结夏。疏水若为无尽，断处通桥；开林须酌有因，按时架屋。房廊蜒蜿，楼

阁崔巍，动"江流天地外"之情，合"山色有无中"之句。适兴平芜眺远，壮观乔岳瞻遥。高阜可培，低方宜挖。

### （一）厅堂基

厅堂基础，一直以三间、五间为标准。其实，造园时应根据地面的宽窄而定，地方狭窄则四间、四间半都可以，不能摆开时三间半亦可。别小看那半间，深奥曲折、前后通达，都可以在这半间中变幻出来，使人不知其中奥妙，生出许多想象来。凡是建造园林，必定要照此去构思。

〔原文〕厅堂立基，古以五间三间为率。须量地广窄，四间亦可，四间半亦可。再不能展舒，三间半亦可。深奥曲折，通达前后，全在斯半间中生出幻境也。凡立园林，必当如式。

### （二）楼阁基

按照一般次序，楼阁基是放在厅堂后面的。为什么不可以立在半山半水之间呢？还可以有个明二层暗三层的变化。如果这样做，站在下面看是座楼房，而从半山腰进去一看只是平屋而已。登上暗三层，竟然是可穷千里目的高楼。

〔原文〕楼阁之基，依次序定在厅堂之后。何不立半山半水之间，有二层三层之说。下望上是楼，山半拟为平屋。更上一层，可穷千里目也。

### （三）门楼基

园林中的各种房屋，可以没有固定的方向。只有门楼基，必须按照厅堂的方向，以及总规划的要求而立。

〔原文〕园林屋宇虽无方向，惟门楼基要依厅堂方向，合宜则立。

### （四）书房基

书房一般是建于园林之内的，无论在景区内外，都应选择僻静隐蔽的地方，可以方便进出园子，又不轻易让外人知道其所在。里面可以建造斋、馆、房、室，借外景使之自然幽雅，更有山林的意趣。

如果造在园外，要根据地形的方、圆、长、扁、广、阔、曲、狭，如"厅堂基"中讲到的"半间"那样，既要使之空间深幽，又要自然得体。建筑的形式，无论是楼、屋、廊、榭，都要按照地形随机应变加以构筑。

〔原文〕书房之基立于园林者，无拘内外，择偏僻处，随便通园，令游人莫知有此。内构斋、馆、房、室，借外景自然幽雅，深得山林之趣。如另筑，先相基形。方、圆、长、扁、广、阔、曲、狭，势如前厅堂基"余半间"

中，自然深奥。或楼或屋，或廊或榭，按基形式，临机应变而立。

### （五）亭榭基

园林之所以富有情趣，一般认为在花丛中造榭，水边建亭。榭是一定要隐于花间的，亭就不需要限于水边。其实，凡是有泉流经过的竹林，情景皆宜的山顶，篁竹茂密的山凹，苍松盘曲的山麓，都可以建亭。

建在水流之上，可以俯瞰游鱼，发悠悠之思；建在水池之中，水清可以汰缨，水浊则可汰脚，都是很富有诗意的。亭子的外观虽然有各种式样，但选址立基却没有什么限制。

〔原文〕花间隐榭，水际安亭，斯园林而得致者。惟榭只隐花间，亭胡拘水际。通泉竹里，按景山颠。或翠筠茂密之阿，苍松蟠郁之麓。或借濠濮之上，入想观鱼；倘支沧浪之中，非歌濯足。亭安有式，基立无凭。

### （六）廊房基

廊房基础没有建造时，必须先将地面留出来。廊房建在房屋的前后，绵延到山石树林间；或依傍山势而上下，一直通到水边。任凭它高低错落弯弯曲曲，又好像断断续续，逶迤在园林之内。这是园子中绝对不可缺少的一段景色。

〔原文〕廊基未立，地局先留。或余屋之前后，渐通林许。蹑山腰，落水面，任高低曲折，自然断续蜿蜒。园林中不可少斯一断境界。

### （七）假山基

假山的基础，大部分要从水中立起。先要确定好假山的高度，衡量出山石的总体重量，然后再定地基的深浅。掇石为山，首先要考虑好它的空间视觉效果，也要考虑它与周边环境的关系。假山最忌蹲踞在园子中央，应该随景色的需要，自然地散布以形成景观。

〔原文〕假山之基，约大半在水中立起。先量顶之高大，才定基之浅深。掇石须知占天，围土必然占地。最忌居中，更宜散漫。

# 三、屋宇

　　一般家庭住宅，无论是五间还是三间，都要按照一定的次序建造。而园林中的房屋，即使一间半间，也要按照季节、景色设计布局。园林中的建筑方向符合总体规划，施工时要遵照规划。建造住宅要按严格的法度进行，园林中的房舍却要求因地制宜。

　　园林中的厅堂造法与住宅差不多，而靠近台榭的却有别具一格的做法。前檐要增加敞卷，后檐要进余轩，一定要用重檐制成假顶，须用草架结构。檐口的高低服从草架，左右结构可以不尽相同。堂的前面为了保持空间宽畅，两边不可以设厢房；檐下设庑廊、台阶，就显得进深。斗拱上不必雕刻装饰，门枕又何必刻成鼓状。时下通行高雅简朴，仿古也应得体大方。彩绘虽好，却不如青绿和本色大方。雕镂往往会陷于庸俗，刻些花草嵌几只仙禽有什么好看。

　　长廊如缎带般回旋，在立柱时就应精心设计，才能产生变幻莫测的效果。只有几根椽子的曲折小屋，也要讲究门的设置是否恰当，才能达到精妙的意境。奇亭巧榭安置在花木丛中，会产生无限的春光美景。层楼重阁高耸屹立，能达到如出云霄的效果。

　　高阁凌空，槛外行云，曲池如镜，镜中流水，山色空濛，鹤声自来，天然图画，人间仙境。这样的园林，足以使人的林泉之好、园圃之乐得到充分满足。如此园林称得上是传世之作了。

　　这样，就要求主持造园的人，必须以圣人高山景行的品德去建造厅堂，用贤达淡泊名利的风格来修筑亭榭。我没有晋代陆云所介绍的筑台技术，只是班门弄斧说了些自己的看法，愿与志同道合的人一起来探奇。一般通俗的常识就不写了。

　　〔原文〕凡家宅住房，五间三间循次第而造。惟园林书屋，一室半室按时景为精。方向随宜，鸠工合见，家居必论，野筑惟因。虽厅堂俱一般，近台榭有别致。前添敞卷，后进余轩，必用重椽，须支草架，高低依制，左右分为。当檐最碍两厢，庭除恐窄；落步但加重庑，阶砌犹深。升栱不让雕鸾，门枕胡为镂鼓。时遵雅朴，古摘端方。画彩虽佳，木色加之青绿；雕镂易俗，花空嵌以仙禽。长廊一带回旋，在竖柱之初，妙于变幻；小屋数椽委曲，究安门之当，理及精微。奇亭巧榭构分红紫之丛，层阁重楼迥出云霄之上，隐现无穷之态，招摇不尽之春。槛外行云，镜中流水。洗山色之不去，送鹤声之自来。境仿瀛壶，天然图画。意尽林泉之癖，乐余园圃之间。一鉴能为，千秋不朽。堂占太史，亭问草玄。非及云艺之台楼，且操般门之斤斧。探奇合志，常套俱裁。

## (一) 门楼

大门上方造楼房就像城楼，这样的楼是为了壮观。如果门的上方围墙上披砌屋面一样的装饰，通常也称之为门楼。

〔原文〕门上起楼象城堞，有楼以壮观也。无楼亦呼之。

## (二) 堂

古时候所说的堂，是指室内前面一半虚敞的部分。堂就是正室，就是正中向阳的房屋，取其堂堂正正高大开敞的意思。

〔原文〕古者之堂，自半已前，虚之为堂。堂者，当也。谓当正向阳之屋，以取堂堂高显之义。

## (三) 斋

斋与堂相比，气势上要稍微有些收敛，要有使人肃然起敬的感觉，是屏除世俗修身养性的秘居之所，所以式样不宜过分高大显耀。

〔原文〕斋较堂，惟气藏而致敛，有使人肃然斋敬之义。盖藏修密处之地，故式不宜敞显。

## (四) 室

过去所说的室，是指房屋的后半部分，相对隐蔽而住人的地方。《尚书》说的"壤室"，《左传》中的"窟室"，《文选》"旋室女便娟以窈窕"的"曲室"，都属于室。

〔原文〕古云，自半已前（后）实为室。《尚书》有"壤室"，《左传》有"窟室"，《文选》载"旋室女便娟以窈窕"指"曲室"也。

### （五）房

《释名》上说："房"有防的意思。是比较隐秘，可以分清内外，作为卧室的建筑。

〔原文〕《释名》云：房者，防也。防密内外，以为寝闼也。

### （六）馆

临时的住所称作"馆"。也可以将另一个住所称为"馆"。现在把书房也称作馆，而将旅舍称为"假馆"。

〔原文〕散寄之居，曰"馆"，可以通别居者。今书房亦称"馆"，客舍为"假馆"。

### （七）楼

《说文》中说：重叠的房屋就是"楼"。《尔雅》则说，狭长高爽而且曲折的房屋为"楼"。此种建筑整齐地开着许多窗户，而且窗扇都可以打开。造楼时，比堂高出一层就可以了。

〔原文〕《说文》云：重屋曰"楼"。《尔雅》云：陕（狭）而修曲为"楼"。言窗牖虚开，诸孔楼楼然也。造式，如高堂一层者是也。

### （八）台

《释名》中说："'台'有支持的意思。是指堆土而成，坚固而高爽，足以支撑自身，又能承受重量。"

园林中，用石块叠高，顶上平坦的；或用木架支起，顶上铺板而不建造房屋的；或在阁楼前伸出一步之地而敞开的，都称作台。

〔原文〕《释名》云：台者，持也。言筑土坚高，能自胜持也。园林之台，或掇石而高上平者。或木架高而版平无屋者。或楼阁前出一步而敞者，俱为台。

### （九）阁

阁是四面坡顶，且四周开窗的建筑物。汉代的"麒麟阁"、唐代的"凌烟阁"等，都属于这种形式。

〔原文〕阁者，四阿开四牖。汉有麒麟阁，唐有凌烟阁等，皆是式。

### （十）亭

《释名》中说："'亭'是停止的意思，是人停下来歇脚的场所。"唐时，司空图建的"休休亭"，就是用的这个意思。亭子无固定式样，三角形、四角形、五角形、梅花形、六角形，前圆后方的"横圭"形、八角形以至"十"字形都可以。造亭只要根据景观设计的意图，选定式样后，在平面图上大体表示出来就可以了。

〔原文〕《释名》云：亭者，停也。人所停集也。司空图有休休亭，本此义。造式无定，自三角、四角、五角、梅花、六角、横圭、八角至"十"字随意，合宜则制，惟地图可略式也。

### (十一) 榭

《释名》中说："'榭'有凭借的意思。是凭借景点而建造的建筑物。"或建于水边，或建于花木旁，式样根据景观而定，可以灵活机动。

〔原文〕《释名》云：榭者，藉也。藉景而成者也。或水边，或花畔，制亦随态。

### (十二) 轩

轩是像车一样的建筑，取其高爽空敞之意。轩建造在园林的高旷处，以其高昂空敞的气派，增加景点的美观为宜。

〔原文〕轩式类车，取轩轩欲举之意。宜置高敞，以助胜则称。

### (十三) 卷

卷是在厅堂之前，为了要使之宽畅而添设的建筑物。或者是建造小房子时，不用"人"字形屋架而使用的式样，也称为"卷"。只有四角形的亭子和轩可以同时并用两种卷。

〔原文〕卷者，厅堂前欲宽展，所以添设也。或小室欲异"人"字，亦为斯式。惟四角亭及轩可并之。

### (十四) 广

古人说：靠山岩而建的房子为"广"。借山岩为墙，半面坡顶的房屋都属于"广"。（吴江称"披间"）

〔原文〕古云：因岩为屋曰"广"。盖借岩成势，不成完屋者为"广"。

### (十五) 廊

所谓廊，就是庑前出一步之宽的建筑物，以曲折而长为好。以前的曲廊，只有曲尺那样直角转弯的一种式样。现在我设计建造的曲廊是"之"字形的，随地形转弯，随地势而上下。曲廊可以绕山腰，临水边，穿越花间，横跨谿壑，蜿蜒曲折无穷无尽。"寤园"中的"篆云廊"就是这样的。我在镇江甘露寺看到的那些顺山势上下的廊，传说是当年鲁班造的。

〔原文〕廊者，庑出一步也，宜曲宜长则胜。古之曲廊，俱曲尺曲。今予所构曲廊，之字曲者，随形而弯，依势而曲。或蟠山腰，或穷水际，通花渡壑，蜿蜒无尽，斯寝园之篆云也。予见润之甘露寺数间高下廊，传说鲁班所造。

### (十六) 五架梁

五架梁是厅堂中的过梁。如果在它前后各添一架，就成为七架梁了。假如要在前面添卷，必须用草架，才能保证厅堂的高畅明亮。不然的话，前檐变得又深又低，这是造成厅堂内黑暗的原因。假如想让房子变得宽畅，可以再在前面增添一条走廊。

小五架梁可以用于亭、榭、书房。如果将后童柱（吴江称"矮柱"）换成长柱，就可以装屏门，以区分前后。如果不装屏门，在厅堂后面添走廊亦是可以的。

〔原文〕五架梁乃厅堂中过梁也。如前后各添一架，合七架梁列架式。如前添卷，必须草架而轩敞，不然前檐深下内黑暗者，斯故也。如欲宽展，前再添一廊。又小五架梁，亭、榭、书房可构。将后童柱换长柱，可装屏门，有别前后，或添廊亦可。

### (十七) 七架梁

七架梁是房屋的通常架式。如果为了厅堂高敞而增添卷，也要用草架。七架梁前后各添一架，是做九架梁的一种变通办法。

造阁楼，先要计算上层与下层的檐高，再决定柱料的长度。为了提高梁的承载力，空间又允许，可以在柱梁结合点处，再添加横短木作为替木。

〔原文〕七架梁，凡屋之列架也。如厅堂列添卷，亦用草架。前后再添一架，斯九架列之活法。如造楼阁，先算上下檐数，然后取柱料长，许中加替木。

### (十八) 九架梁

九架梁的房子，在装修分隔上变化最为灵活。在进深方向上可以有四、五、六间的连通，朝向上可以东、南、西、北随意。可以隔三间、两间、一间甚至半间，或前后隔成众多相对独立的房间。要使用复水重椽制成各自的假顶。这样，从里面就看不出，是由同一屋顶下分隔出来的。也可以在局部嵌建楼层。这些巧妙的变化是无法全部写出来的，只能根据实际情况灵活运用，并没有固定统一的格式。

〔原文〕九架梁屋巧于装折，连四、五、六间，可以面东、西、南、北。或隔三间、两间、一间、半间，前后分为。须用复水重椽，观之不知其所。或嵌楼于上，斯巧妙处不能尽式。只可相机而用，非拘一者。

### (十九) 草架

草架是建造厅堂时，必定要用的梁架式样。房屋前面添卷时，如用天沟连接，既难做又不耐久，采用草架则既整齐美观又实惠。

前面添上敞卷则成为厅，卷后上方还可建楼屋。这就是草架的妙处，是不可不知道的。

〔原文〕草架乃厅堂之必用者。凡屋添卷用天沟，且费事不耐久，故以草架表里整齐。向前为厅，向后为楼，斯草架之妙用也。不可不知。

### (二十) 重椽

重椽就是草架上的椽子，以此造成屋中间的假屋顶。凡是在房子里分隔成间，不用天花板，用重椽复水就显得更加美观。

如果走廊与屋子相连，或者靠墙建一披水的房屋，重椽是绝对不可不用的。

〔原文〕重椽，草架上椽也，乃屋中假屋也。凡屋隔分不仰顶，用重椽复水可观。惟廊构连屋，构倚墙一披而下，断不可少斯。

### (二十一) 磨角

磨角（吴江俗语"转弯磨（音mò）角"）就如殿阁的外墙转弯处，将直角转弯撒（吴江俗语，音là，意为去掉）去成小斜边。四面敞开的阁和亭建造时，都要采用这种方法。从三角亭到八角亭的磨法又各有特点，不便一一列举，只能通过具体建造来体验。

如果在厅堂前添走廊，也可以根据实际情况，采用磨角的手法。

〔原文〕磨角，如殿阁撒角也。阁四敞及诸亭决用。如亭之三角至八角，各有磨法，尽不能式，是自得一番机构。如厅堂前添廊亦可磨角，当量宜。

### (二十二) 地图

一般工匠只画房屋的梁架结构图，很少有画地盘图的。其实地图是主人、工程主持人和匠人的施工依据。宅基上要造几进，应该先画出地图，由此确定用几根柱着地，然后再画出房屋的梁架结构图。想要把房屋建造得精巧，应用此法可以方便施工。

〔原文〕凡匠作，止能式屋列图，式地图者鲜矣。夫地图者，主匠之合见也。假如一宅基，欲造几进，先以地图式之。其进几间，用几柱着地，然后式之，列图如屋。欲造巧妙，先以斯法，以便为也。

# 地图式

凡营造都必须先画这样的图。如何减少立柱，确定磉石，量好地面的宽窄，然后再画成列架图。

凡厅堂，中间一间宜阔，旁边的小一些，不可以造得一样宽。

〔原文〕凡兴造，必先式斯。偷柱定磉，量基广狭，次式列图。凡厅堂中一间宜大，傍间宜小，不可匀造。

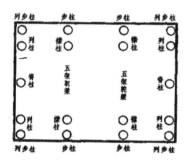

图1.地图式

**梅花亭地图式** 先用石块砌成梅花形的地基，在花瓣位置上立柱，封顶合檐时就会像梅花一样了。

〔原文〕先以石砌成梅花基，立柱于瓣，结顶合檐亦如梅花也。

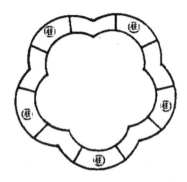

图2.梅花亭地图式

**十字亭地图式** 将十二根柱四分而立好，封顶时成方尖形，四周屋檐就成"十"字形了。

〔原文〕十二柱四分而立，顶结方尖，周檐亦成"十"字。

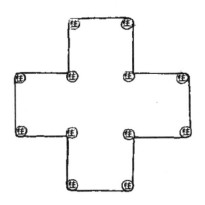

图3.十字亭地图式

其他各种亭样不再列举。自古以来，只有梅花形亭、十字形亭没有造过，所以画出地面图以示大意。这两种亭子，只可以盖草为顶。

〔原文〕诸亭不式，惟梅花、十字，自古未造者。故式之地图，聊识其意可也。斯二亭，只可盖草。

# 屋宇图式

**五架过梁式** 五架梁前添卷，后面添一架梁，就成了七架梁的列架。

〔原文〕前或添卷，后添架，合成七架列。

**草架式** 凡是在厅堂前添加卷，必须用草架。前面如果再加上走廊，就可以采用磨角。

〔原文〕惟厅堂前添卷须用草架。前再加之步廊可以磨角。

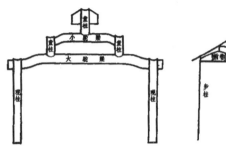 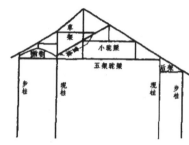

图1.五架过梁式　　　　　　　　图2.草架式

**七架列式** 普通的房屋都是用七架梁作为标准式样的。

〔原文〕凡屋以七架为率。

**七架酱架式** 七架梁式样但不用中柱（吴江叫作"偷筋"），山墙上适于挂画。房屋虽然南北向，但山墙上开了门也就可朝东，或朝西向了。

〔原文〕不用脊柱，便于挂图。或朝南北屋，傍可朝东西之法。

 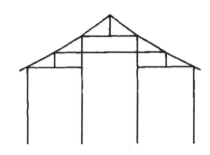

图3.七架列式　　　　　　　　图4.七架酱架式

**九架梁式** 这种房子以间数多为宜，可以按进深方向随意隔间。用复水重檐制成假顶，可以灵活设置东、西、南、北的朝向。

〔原文〕此屋宜多间，随便隔间。复水或向东、西、南、北之活法。

**小五架梁式** 凡建造书房、小斋和亭都可用此式样。可以分隔为前后间。

〔原文〕凡造书房、小斋或亭，此式可分前后。

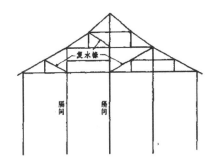

图5.九架梁五柱式

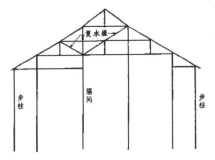

图6.九架梁六柱式

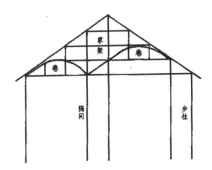

图7.九架梁前后卷式

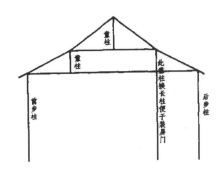

图8.小五架梁式

# 四、装折

建造房屋，难在装修。园林中的房屋不同于普通民宅，曲折而要有条理，端正但又不死板。端正中要寻求曲折变化，曲折地方又要考虑端正。只有曲折与端正搭配得法，才能形成错综复杂的妙景。

屏门与间壁应该注意对称，安设门洞要有来龙去脉。假如全房进深间数多，内部分隔开就可以了。为什么要保留后面一架，另外还要添些什么？从这里通小径到别处的房舍，好比到了另外的馆舍。砖墙间留条夹弄，可以接通长廊。整块的墙壁上多开设些空窗，可以看到旁边院子中的景色。透过空窗，邻院的亭台楼阁像一幅幅图画。

好像到了绝处忽然开朗，低的地方突然向上曲折。楼梯应架在靠边的屋内，借山坡亦可以筑成台阶。

门窗的制作和平常的没有什么不同，窗棂的制作要新式多样。门窗要做得关闭严密，拼接要严丝合缝。落步上安装栏杆，长廊上更是这样。半墙上安装窗槅，适用于各类房舍。窗棂格的式样，过去以菱花状为好，现在用柳叶状更为奇特。窗上装了明瓦变得更牢固，外面再加风窗就更加严密。

半楼半屋的底层，齐梁下替木不妨全部安装天花板。密藏的房阁，靠虚檐处可开出半弯月亮窗。

借草架抬高的檐下，必须知道添卷的方法。门户设置得法，犹如将庭院分成两部分；带窗花的墙壁连隔，可以造成房斋深幽的感觉。所有的构建都要合时合宜，式样要清新雅致。

〔原文〕凡造作难于装修，惟园屋异乎家宅。曲折有条，端方非额。如端方中须寻曲折，到曲折处还定端方。相间得宜，错综为妙。装壁应为排比，安门分出来由。假如全房数间，内中隔开可矣。定存后步一架，余外添设何哉？便径他居，复成别馆。砖墙留夹，可通不断之房廊；板壁常空，隐出别壶之天地。亭台影罅，楼阁虚邻。绝处犹开，低方忽上。楼梯仅乎室侧，台级藉矣山阿。门扇岂异寻常，窗棂遵时各式。掩宜合线，嵌不窥丝。落步栏杆，长廊犹胜，半墙户槅，是室皆然。古以菱花为巧，今之柳叶生奇。加之明瓦斯坚，外护风窗觉密。半楼半屋，依替木不妨一色天花；藏房藏阁，靠虚檐无碍半弯月牖。借架高檐，须知下卷。出幔若分别院，连墙拟越深斋。构合时宜，式徵清赏。

## （一）屏门

堂中如屏风一样平整排列的门就是屏门。过去的屏门只在前面用木板，而现在两面都用木板照平、中间是空的，就是所谓的"鼓儿门"。

〔原文〕堂中如屏列而平者。古者可一面用，今遵为两面用，斯谓"鼓儿门"也。

## （二）仰尘

仰尘就是过去的天花板，多数做成棋盘格，在空格上面画有禽鸟、花卉就显得很庸俗。最好全部做成平的，至多在上面画些木纹，或用锦缎、花纸裱糊。在楼下，天花板是不可缺少的。

〔原文〕仰尘即古天花板也。多于棋盘方空，画禽卉者类俗。一概平仰为佳，或画木纹，或锦，或糊纸。惟楼下不可少。

## （三）户槅

过去的户槅都在方眼中做成菱花格，后来人们简化成柳条槅，通常叫作"不了窗"。这种式样显得很雅致。我将它加以增减，成为几种式样，内中花纹各不相同，但为了雅致也不脱离柳条式。

有将栏杆竖成户槅的，一是太稀疏，二无欣赏价值。槅格的空格以阔一寸大小为好，宽得如栏杆、风窗那样的空格，一律不用。现将图样列于后。

〔原文〕古之户槅，多于方眼而菱花者，后人减为柳条槅，俗呼"不了窗"也。兹式从雅，予将斯增减数式，内有花纹各异，亦遵雅致，故不脱柳条式。或有将栏杆竖为户槅，斯一不密亦无可玩。如槅空仅阔寸许为佳，犹阔类栏杆、风窗者去之，故式于后。

## （四）风窗

风窗就是窗棂外的护窗，制作应稀疏、简单、美观，有只做横的半截，也有做成两截的推窗。格式像栏杆，简化些也可以。这种窗用在书房叫"书窗"，在闺房则称"绣窗"。

〔原文〕风窗，槅棂之外护。宜疏广减文，或横半，或两截推关。兹式如栏杆，减者亦可用也。在馆为"书窗"，在闺为"绣窗"。

# 装折图式

**长槅式** 过去户槅、棂板的比例为棂占十分之四，板占十分之六，室内看起来不亮堂。现在的做法是，棂在十分之七八之间，板在十分之二三之间。这要视槅的长短而定。板的高低大约与桌子、几案的高度相仿，再高也以高出四五寸为限。

〔原文〕古之户槅棂板，分位定于四、六者，观之不亮。依时制，或棂之七、八，版之二、三之间。谅槅之大小，约桌几之平高，再高四、五寸为最也。

**短槅式** 过去的短槅像长槅一样划分棂与板的比例，这样室内就更不亮堂了。按现在的做法，上下用束腰，束腰做成棂或板都可以。

〔原文〕古之短槅，如长槅分棂版位者，亦更不亮。依时制，上下用束腰，或版或棂可也。

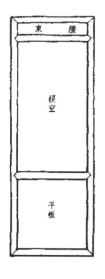 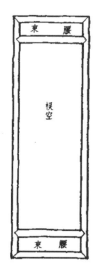

图1.长槅式　　　　　图2.短槅式

# 槅棂式

**户槅柳条式** 现在通行柳条槅，简单稀疏，可按式样变化任意选用。

〔原文〕时遵柳条槅，疏而且减，依式变换，随便摘用。

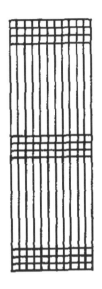 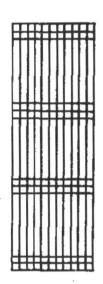 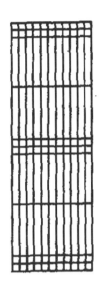

图3.户槅柳条式之一　　图4.户槅柳条式之二　　图5.户槅柳条式之三

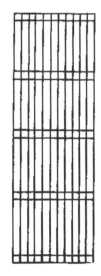 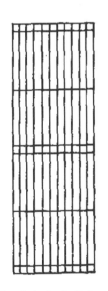 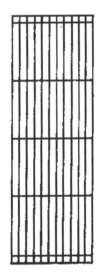

图6.户槅柳条式之四　　图7.户槅柳条式之五　　图8.户槅柳条式之六

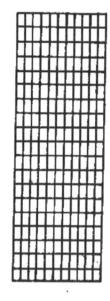 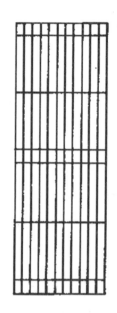 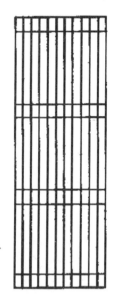

图9.户槅柳条式之七　　图10.户槅柳条式之八　　图11.户槅柳条式之九

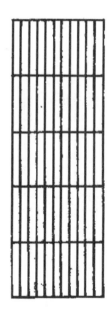 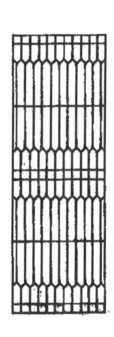 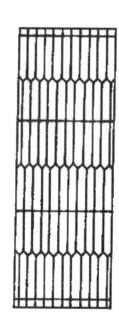

图12.户槅柳条
式之十　　　　图13.柳条变人
字式之一　　　　图14.柳条变人
字式之二

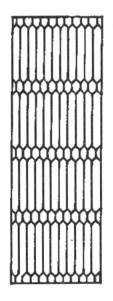

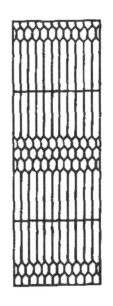

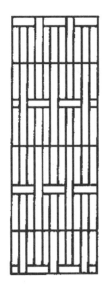

图 15.人字变
六方式之一

图 16.人字变六
方式之二

图 17.柳条变井
字式之一

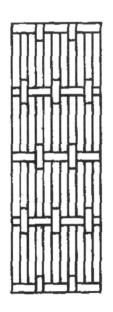

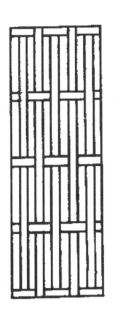

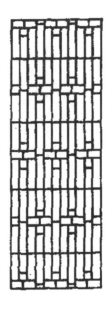

图 18.柳条变井
字式之二

图 19.柳条变井
字式之三

图 20.井字变杂
花式之一

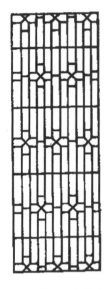
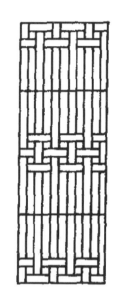
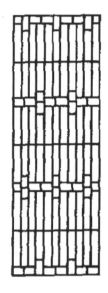

图21.井字变杂花式之二　　图22.井字变杂花式之三　　图23.井字变杂花式之四

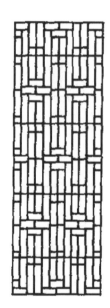
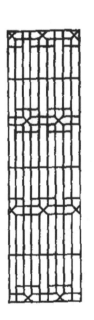
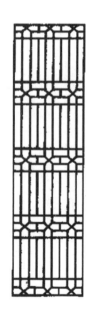

图24.井字变杂花式之五　　图25.井字变杂花式之六　　图26.井字变杂花式之七

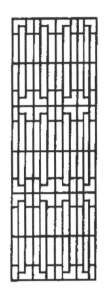

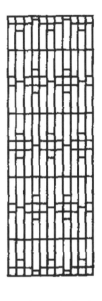

图27.井字变
杂花式之八

图28.井字变杂
花式之九

图29.井字变杂
花式之十

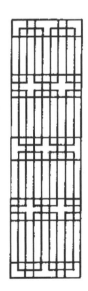
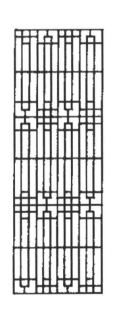
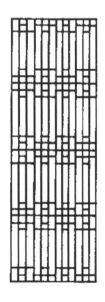

图30.井字变杂
花式之十一

图31.井字变杂
花式之十二

图32.井字变杂
花式之十三

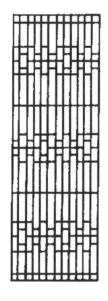  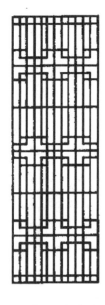

图33.井字变杂
花式之十四　　　　　图34.井字变杂
花式之十五　　　　　图35.井字变杂
花式之十六

 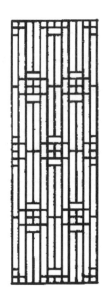 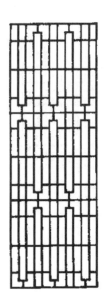

图36.井字变
杂花式之十七　　　　图37.井字变杂
花式之十八　　　　　图38.井字变杂
花式之十九

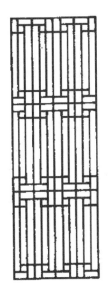

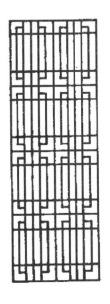

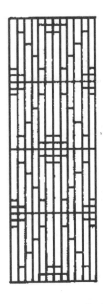

图39.井字变
杂花式之二十

图40.井字变杂
花式之二十一

图41.玉砖街式
之一

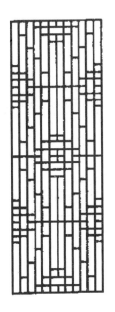

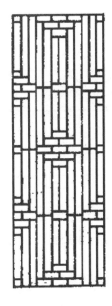

图42.玉砖街式
之二

图43.玉砖街式
之三

图44.玉砖街式
之四

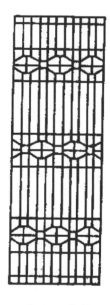

图45.八方式

**束腰式**  如果长槅与短槅一并排装，应保持式样的统一，长槅也要上下用束腰。

〔原文〕如长槅欲齐短槅并装，亦宜上下用。

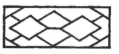 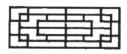 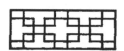

图1.束腰式之一　　　　图2.束腰式之二　　　　图3.束腰式之三

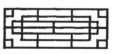 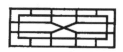 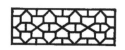

图4.束腰式之四　　　　图5.束腰式之五　　　　图6.束腰式之六

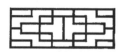 

图7.束腰式之七　　　　图8.束腰式之八

**风窗式** 风窗格子要疏，空框中或糊纸，或夹纱，纸和纱上可以画上画。可以少装几个榥格。栏杆式样中，捡（吴江土话读gài音丐）那种疏简而雅致的式样，也可以竖做成风窗。

〔原文〕风窗宜疏，或空框糊纸，或夹纱，或绘，少饰几榥可也。捡栏杆式中，有疏而减文。竖用亦可。

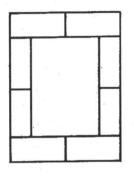

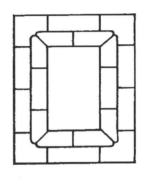

图9.风窗式之一　　　　　　图10.风窗式之二

**冰裂式** 用冰裂纹格式做风窗最好。它的花纹简单而雅致，可以随意画出来。做时还可以上疏下密地进行变化。

〔原文〕冰裂惟风窗之最宜者。其文致减雅，信画如意，可以上疏下密之妙。

**两截式** 风窗做成两截式的，不论何种式样，都要确保上下两截关合起来是一个整体。

〔原文〕风窗两截者，不拘何式，关合如一为妙。

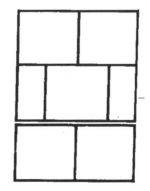

图11.冰裂式　　　　　　　图12.两截式

**三截式** 三截式风窗做的时候，将中扇挂在上扇上，这样撑上扇时不妨碍空间。中扇和上扇的连接可以用铜铰链。

〔原文〕将中扇挂合上扇，仍撑上扇不碍空处。中连上，宜用铜合扇。

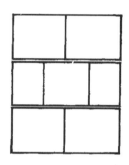 

图13.三截式　　　　　　　图14.梅花式

**梅花式** 梅花状风窗，每一瓣要分开制作。用一个"梅花转心"装在窗子的中间，以利开关。

〔原文〕梅花风窗宜分瓣做。用梅花转心于中，以便开关。

**梅花开式** 两个花瓣联在一起，另外三个花瓣单独做。将"梅花转心"钉在二联瓣尖上，可以将其余三个单瓣按需装一、二、三瓣，再用转心向上扣住加以固定。

〔原文〕连做二瓣，散做三瓣，将梅花转心钉一瓣于连二之尖，或上一瓣、二瓣、三瓣，将转心向上扣住。

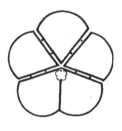  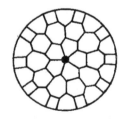

图15.梅花开式　　　　图16.六方式　　　　图17.圆镜式

# 卷二

# 栏杆

栏杆的图案可以随手画成，以简单为好。过去的"回文"、"万（卍）字"纹一律不能用。这些图案只能留给凉床和佛座用，园林房屋中一概不可使用。

我从事造园多年，积累了上百种式样，其中有的精致细巧，有的简单·文雅。现在从笔管式开始，按图形变化的顺序，将图列于后，以便选用。

近来，有人将篆字作为栏杆的花纹，由于笔画疏密不匀，线条连接也有问题，不甚实用。

我的这些式样，还觉得有许多不完善处，选用时可以进行修改。

[**原文**] 栏杆信画而成，减便为雅。古之"回文"、"万字"一概屏去，少留凉床、佛座之用，园屋间一不可制也。予历数年，存式百状，有工而精，有减而文，依次序变幻，式之于左，便为摘用。以笔杆式为始。近有将篆字制栏杆者，况理画不匀，意不联络。予斯式中，尚觉未尽，尽可粉饰。

# 栏杆图式

　　**笔管式**　栏杆从笔管式开始，由单变成双，从双再随意变成其他，依次变化而成，由此定出各式名称。有些无法命名的恐怕难免遗漏。现在按变化次序记下来，其中有的花纹制作较难，注明了制作方法，以便实际操作。

　　[原文] 栏杆以笔管式为始，以单变双，双则如意。变化以次而成，故有名。无名者恐有遗漏，总次序记之。内有花纹不易制者，亦书做法，以便鸠匠。

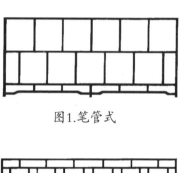

图1.笔管式

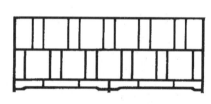

图2.双笔管式

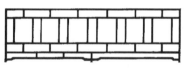

图3.笔管变式之一

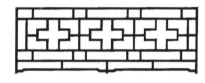

图4.笔管变式之二

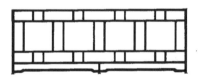

图5.笔管变式之三

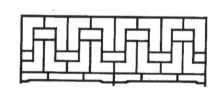

图6.笔管变式之四

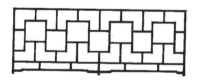

图7.笔管变式之五

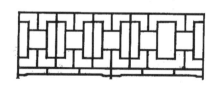

图8.笔管变式之六

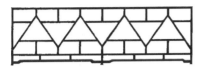

图9.笔管变式之七

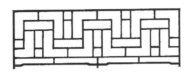

图10.笔管变式之八

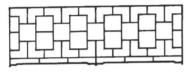

图11.笔管变式之九

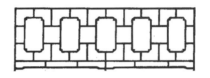

图12.绦环式

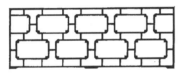

图13.横环式之一

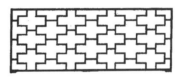

图14.横环式之二

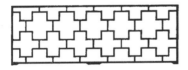

图15.横环式之三

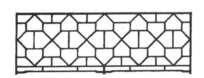

图16.横环式之四

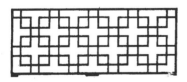

图17.套方式之一

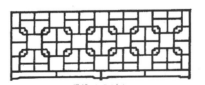

图18.套方式之二

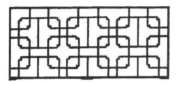

图19.套方式之三

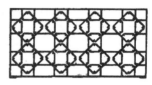

图20.套方式之四

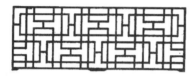

图21.套方式之五

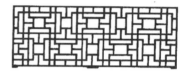

图22.套方式之六

图23.套方式之七

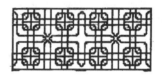

图24.套方式之八

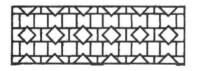

图25.套方式之九

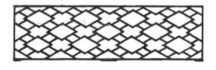

图26.套方式之十

图27.套方式之十一

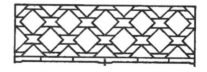

图28.套方式之十二

图29.三方式之一

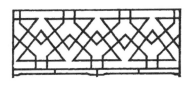

图30.三方式之二

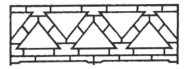

图31.三方式之三

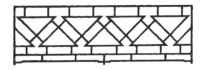

图32.三方式之四

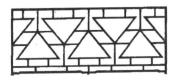

图33.三方式之五

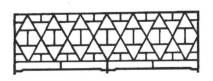

图34.三方式之六

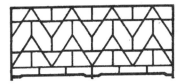

图35.三方式之七

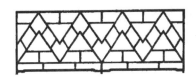

图36.三方式之八

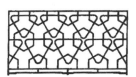

图37.三方式之九

**锦葵式** 先以六块小料聚成花心，然后再在花心外加花瓣，就是这样做法。这一种材料用以斗瓣。

〔原文〕先以六料攒心，然后加瓣，如斯做法。斯一料斗瓣。

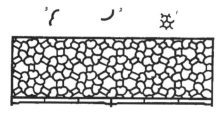

图38.锦葵式

图39.六方式

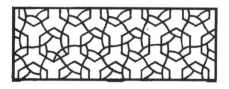

图40.葵花式之一

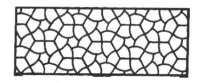

图41.葵花式之二

图42.葵花式之三

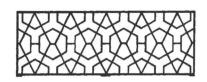

图43.葵花式之四

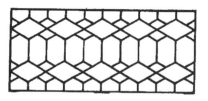

图44.葵花式之五

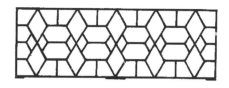

图45.葵花式之六

**波纹式** 用一种材料就可以做了。

〔原文〕惟斯一料可做。

图46.波纹式

**梅花式** 用这一种材料斗瓣，直料上不凿榫眼。

〔原文〕用斯一料斗瓣，料直不攒榫眼。

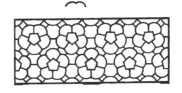

图47.梅花式

图48.镜光式之一

图49.镜光式之二

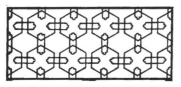

图50.镜光式之三

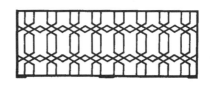

图51.镜光式之四

图52.冰片式之一

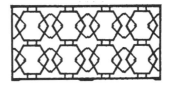

图53.冰片式之二

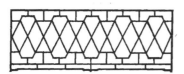

图54.冰片式之三

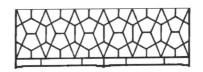

图55.冰片式之四

**联瓣葵花式** 用一种材料做成。

〔原文〕惟斯一料可做。

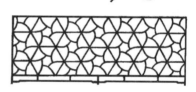

图56.联瓣葵式之一

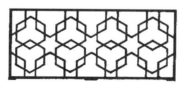

图57.联瓣葵式之二

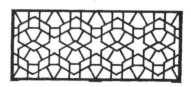

图58.联瓣葵式之三

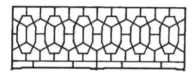

图59.联瓣葵式之四

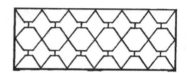

图60.联瓣葵式之五

**尺栏式** 这种栏杆可以放在腰墙（吴江土话意谓"半墙"）上，或者放在窗外。

〔原文〕此栏置腰墙用，或置户外。

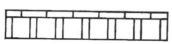

图61.尺栏式之一

图62.尺栏式之二

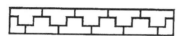

图63.尺栏式之三

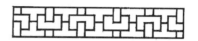

图64.尺栏式之四

图65.尺栏式之五

图66.尺栏式之六

图67.尺栏式之七

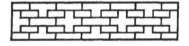

图68.尺栏式之八

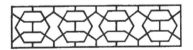

图69.尺栏式之九

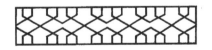

图70.尺栏式之十

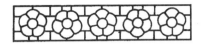

图71.尺栏式之十一

图72.尺栏式之十二

图73.尺栏式之十三

图74.尺栏式之十四

图75.尺栏式之十五

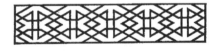

图76.尺栏式之十六

## 短栏式

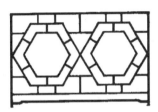

图77.短栏式之一

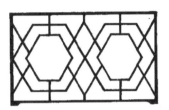

图78.短栏式之二

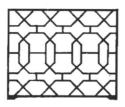

图79.短栏式之三

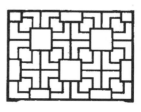

图80.短栏式之四

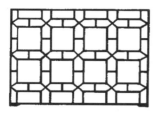

图81.短栏式之五

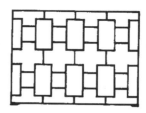

图82.短栏式之六

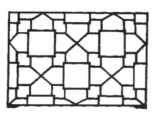

图83.短栏式之七

图84.短栏式之八

图85.短栏式之九

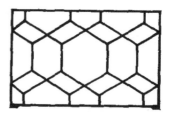

图86.短栏式之十

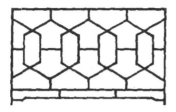

图87.短栏式之十一

图88.短栏式之十二

图89.短栏式之十三

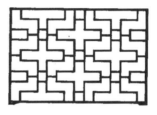

图90.短栏式之十四

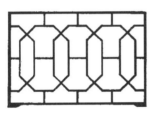

图91.短栏式之十五

图92.短栏式之十六

图93.短栏式之十七

短尺栏式

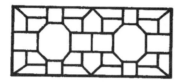

图94.短尺栏式之一

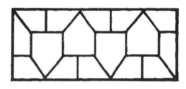

图95.短尺栏式之二

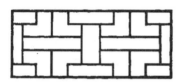

图96.短尺栏式之三

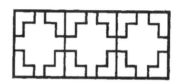

图97.短尺栏式之四

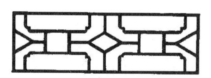

图98.短尺栏式之五

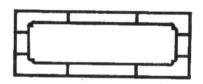

图99.短尺栏式之六

图100.短尺栏式之七

栏杆式样共100种。

〔原文〕栏杆诸式计一百样。

# 卷三

# 一、门窗

门窗的框樘用水磨砖进行装修，是目前通行的做法，不仅屋宇格外有新意，园林也显得典雅。用水磨砖装修要靠瓦工的精工细作，但通盘考虑的责任完全在于主持人。

园中美景使人触景生奇，门窗多姿多彩顿添情趣。轻纱窗外碧水环翠，柳榻隙间绿色在望，高峰峻石喜迎宾客，别有一番洞天之感。修竹婆娑随风弄影，好似笙簧隔水鸣奏。美景尽收窗门之间，全无半点俗尘气息。

门框上切忌雕饰，窗垣应细心琢磨。前面保持空旷，可见各处景色。

为怕此法失传，特将存稿画出。

〔原文〕门窗磨空，制式时裁，不惟屋宇翻新，斯谓林园遵雅。工精虽专瓦作，调度犹在得人。触景生奇，含情多致。轻纱环碧，弱柳窥青。伟石迎人，别有一壶天地；修篁弄影，疑来隔水笙簧。佳景宜收，俗尘安到。切忌雕镂门空，应当磨琢窗垣。处处邻虚，方方侧景。非恐失传，故式存余。

# 门窗图式

**方门合角式**　如果磨砖方门单靠匠人制作，就都被做成发券式样，顶部或使用过门石，或使用过门枋（梁）。现在方门的做法是，四周用木钉固定磨砖，过门处磨成合角（吴江土话读gèguō，用两个45°拼成90°角）固定在过门枋上，既雅致又美观。

〔原文〕磨砖方门凭匠俱做参(券)门，砖上过门石，或过门枋者。今之方门，将磨砖用木栓拴住，合角过门于上，再加之过门枋，雅致可观。

**圈门式**　凡是磨砖门窗，要根据墙壁的厚度调整砖的大小。门窗洞的内部墙面要全部用水磨砖贴砌。洞内外两面的边框只能留一寸光景，不能迁就砖的宽度。边以外的墙面可抹灰刷白，也可用水磨砖贴面。

〔原文〕凡磨砖门窗，量墙之厚薄，校砖之大小。内空须用满磨，外边只可寸许，不可就砖。边外或白粉，或满磨可也。

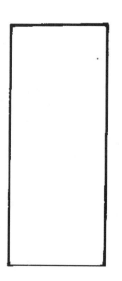

图1.方门合角式

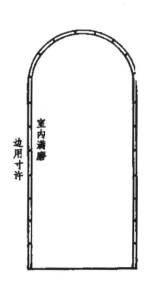

图2.圈门式

（图中文字：室内满磨　边用寸许）

上下圈式、入角式、长八方式、执圭式、葫芦式

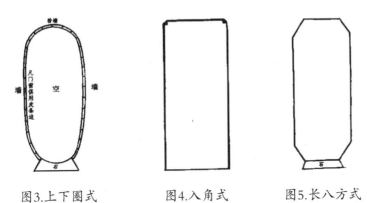

图3.上下圈式　　　　图4.入角式　　　　图5.长八方式

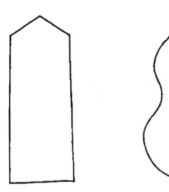

图6.执圭式　　　　图7.葫芦式

**莲瓣式、如意式、贝叶式** 莲瓣、如意、贝叶这三种式样的门窗框，适合于供菩萨的地方使用。

〔原文〕莲瓣、如意、贝叶，斯三式宜供佛所用。

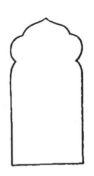

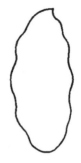

图8.莲瓣式　　　　图9.如意式　　　　图10.贝叶式

图11.剑环式

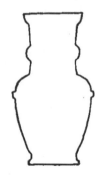

图12.汉瓶式之一

图13.汉瓶式之二

图14.汉瓶式之三

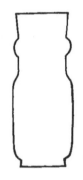

图15.汉瓶式之四

图16.花觚式

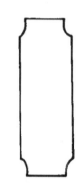

图17.蓍草瓶式

放大可以做门框。
〔原文〕大者可为门空。

此式样也可做门框。
〔原文〕斯亦可为门空。

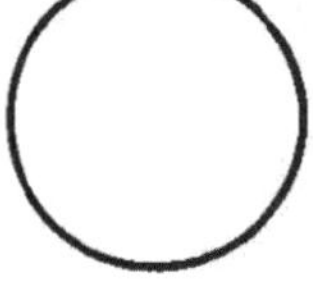

图18.月窗式

图19.片月式

图20.八方式

此式样也可做门框。

〔原文〕斯亦可为门空。

图21.六方式

图22.菱花式

图23.如意式

图24.梅花式

图25.葵花式

图26.海棠式

图27.鹤子式

图28.贝叶式

图29.六方嵌栀子式

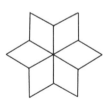

图30.栀子花式

图31.罐式

# 二、墙垣

园林的围墙大多用泥板墙，也有用石头砌的，还可以将有刺的灌木编成篱笆来充当。这种篱墙胜过花屏，多了一分野趣，可让人感到山林的意味。园内的花旁、水边、小路、环山的围墙，则适合于用石块或砖头来砌，可以用花墙，也可用水磨砖墙，各有不同特色，总是要式样雅致合时，令人赏心悦目，才是园林中的好景色。

历来，墙上由工匠雕塑成花鸟或仙兽，以为很是精巧。岂不知这种做法在园林中不可取，即使在住宅前也不可用。因为鸟雀容易在雕塑处作巢，乱草拖挂下来像藤草一样难看。刚把鸟赶走了，它又来了，用力重了则会将雕塑弄坏，真让人毫无办法。所以笨人才会这样去做，聪明的人是会避免的。

一般人造房屋，碰到地基有偏缺就随之而造，房屋就不能端正。为了保证房屋的端正，不妨让围墙与房屋的距离一头阔一头狭，留出一条夹弄。通常，工匠和主人都不清楚这样做会有什么好处。

〔原文〕凡园之围墙多于版筑，或于石砌，或编篱棘。夫编篱斯胜花屏，似多野致，深得山林趣味。如内花端、水次、夹径、环山之垣，或宜石宜砖，宜漏宜磨，各有所制。从雅遵时令人欣赏，园林之佳境也。历来墙垣凭匠作雕琢花鸟仙兽，以为巧制。不第林园之不佳，而宅堂前之何可也。雀巢可憎，积草如萝，祛之不尽，扣之则废，无可奈何者。市俗村愚之所为也，高明而慎之。世人兴造，因基之偏侧，任而造之。何不以墙取头阔头狭就屋之端正，斯匠、主之莫知也。

## (一) 白粉墙

历来粉墙都是用纸筋石灰粉刷的。那些爱讲究的人，为了墙面光滑，用白蜡来打磨墙面。现在用江湖中的黄沙，拌入上好石灰打上薄薄的一层底，再加入少量石灰来盖面，用蔴帚轻轻涂刷白水，同样可以做到光亮如镜。如果墙面上有了污渍，还可以清洗。这种墙叫"镜面墙"。

〔原文〕历来粉墙用纸筋石灰，有好事取其光腻，用白蜡磨打者。今用江湖中黄沙，并上好石灰少许打底。再加少许石灰盖面，以蔴帚轻擦，自然明亮鉴人。倘有污积遂可洗去，斯名"镜面墙"也。

### (二) 磨砖墙

用来遮掩大门的照壁，厅堂的看面墙，都可以用水磨砖或方砖吊角贴面。可以将方砖割成八角形，中间镶嵌小方块来贴面；也可以用一块和半块相间夹花贴，或夹花贴成云锦状。封顶时，用磨边方砖层层挑出，做成飞檐状。雕塑成花、鸟、仙、兽的做法都不可取，这样是没有多少画意的。

〔原文〕如隐门照墙、厅堂面墙，皆可用磨或方砖吊角，或方砖裁成八角嵌小方，或砖一块间半块，破花砌如锦样。封顶用磨挂方，飞檐砖几层。雕镂花鸟仙兽不可用，入画意者少。

### (三) 漏砖墙

凡需要向外察看、眺望的地方筑这种墙，可以产生避外隐内的效果。过去那种用瓦砌成的连钱、叠锭、鱼鳞等花式，一律不要用。举些实例画图样如下。

〔原文〕凡有观眺处筑斯，似避外隐内之义。古之瓦砌连钱、叠锭、鱼鳞等类一概屏之。聊式几于左。

### (四) 乱石墙

凡是乱石都可以用来砌墙，其中以黄石为最好。大小相间，适合于砌在假山之间。如果用乱青石板来砌，再用油灰（即北方的腻子）勾缝，砌成的墙就是"冰裂墙"了。

〔原文〕是乱石皆可砌，惟黄石者佳。大小相间，宜杂假山之间。乱青石版用油灰抿缝，斯名"冰裂"也。

# 漏砖墙图式

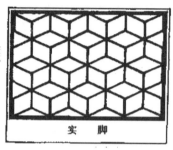

图1.漏砖墙式之一
（菱花漏墙式）

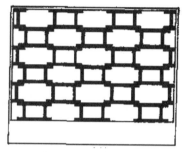

图2.漏砖墙式之二
（绦环式）

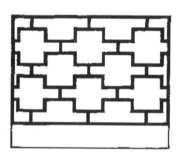

图3.漏砖墙式之三

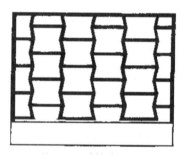

图4.漏砖墙式之四（竹
节式）

图5.漏砖墙式之五
（人字式）

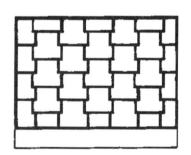

图6.漏砖墙式之六

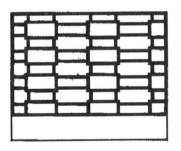

图7.漏砖墙式之七

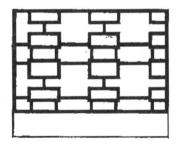

图8.漏砖墙式之八

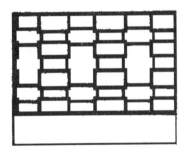

图9.漏砖墙式之九

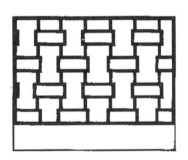

图10.漏砖墙式之十

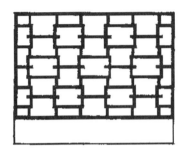

图11.漏砖墙式之十一

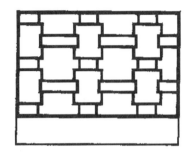

图12.漏砖墙式之十二

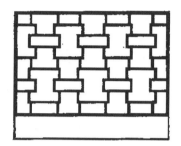

图13.漏砖墙式之十三　　　　图14.漏砖墙式之十四

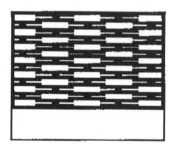

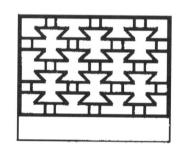

图15.漏砖墙式之十五　　　　图16.漏砖墙式之十六

　　漏砖墙共列出16种，都是比较坚固的式样。在栏杆的式样中，也有可以选用来砌漏砖墙的。有些虽然想到了，但不能全部画出来，恐怕出现重复。如果用水磨砖来砌则更好。

　　〔原文〕漏砖墙凡计一十六式，惟取其坚固。如栏杆式中亦有可摘砌者。意不能尽，犹恐重式。宜用磨砌者佳。

# 三、铺地

一般来说铺地面砌街路，与花园住宅中的要求有所不同。花园住宅里，厅堂广厦的地面都用水磨方砖铺，长长的曲径小路全部用乱石铺砌，庭院的地面可用砖砌成叠胜图形，近台阶地方也可以砌成回文图案。或者，用砖侧砌（吴江土话读zè音仄，砌法亦称竖插）成八角形嵌小方框，框中再用鹅卵石就可以铺得像蜀锦。层楼前的出步可以仿照秦台那样，在花树丛中建露台，以石板铺台面，四周用瓦片嵌成锦线条。花间席地而坐吟诗，月下铺毯醉卧露台。何其美哉！

废瓦片有用处，可以在湖石峰下，嵌砌成汹涌的波纹状。破方砖大有用，在植梅的庭院中，拼铺成冰裂纹地面。

路径的铺设虽是最平常的工作，但台阶、庭院都要摒除尘俗之气。以莲花图案铺地，有"步步生莲"之意，嬉游于竹木深处，拾翠鸟羽毛为饰物，一片春意盎然。

花丛四周的小路适宜用石头铺，厅堂边上的空地要用砖头铺。图案的式样，是圆是方要与周边的景观相符合。磨砖的工作应该由瓦匠担当，杂活可以让小工去干。

〔原文〕大凡砌地铺街，小异花园住宅。惟厅堂广厦中铺一概磨砖，如路径盘蹊，长砌多般乱石，中庭或宜叠胜，近砌亦可回文。八角嵌方，选鹅子铺成蜀锦；层楼出步，就花梢琢拟秦台。锦线瓦条，台全石版，吟花席地，醉月铺毡。废瓦片也有行时，当湖石削铺，波纹汹涌。破方砖可留大用，绕梅花磨斗，冰裂纷纭。路径寻常，阶除脱俗，莲生袜底，步出个中来。翠拾林深，春从何处是。花环窄路偏宜石，堂迥空庭须用砖。各式方圆，随宜铺砌。磨归瓦作，杂用钩儿。

### (一) 乱石路

园林中铺路，用小碎石子铺成石榴子样，既坚固又雅致。从山顶到山脚，曲折高低，都可以这样铺。有人用鹅卵石、碎石相间铺出花样，反而不坚固又庸俗。

〔原文〕园林砌路，堆小乱石砌如榴子者，坚固而雅致。曲折高卑，从山摄壑，惟斯如一。有用鹅子石间花纹砌路，尚且不坚易俗。

### (二) 鹅子地

鹅卵石适宜铺在不常走的地方。能大小相间铺最好，恐怕一般匠人难以做到。用砖或瓦片嵌砌成各种锦样图案也还可以。如果嵌成鹤、鹿、狮子滚绣球之类，弄不好会画虎不成反类犬，那就可笑了。

〔原文〕鹅子石宜铺于不常走处。大小间砌者佳，恐匠之不能也。或砖或瓦，嵌成诸锦犹可。如嵌鹤、鹿、狮毬，犹类狗者可笑。

### (三) 冰裂地

用乱青石板拼成冰裂纹地面，适合于山堂、水坡、台面和亭的四周。式样可参考前面风窗，铺法可以随人的想象灵活掌握。用破方砖磨平来铺则更好。

〔原文〕乱青版石斗冰裂纹，宜于山堂、水坡、台端、亭际。见前风窗式。意随人活，砌法似无拘格，破方砖磨铺犹佳。

### (四) 诸砖地

用各种砖来铺地面，在屋内可以用水磨砖平铺；在庭院中则应侧砌。过去常用"方胜"、"叠胜"和"步步胜"图案，现在有"人"字形、"席纹"和"斗纹"式样，根据砖的长短，合适的就可以用。有如下式样：

〔原文〕诸砖砌地：屋内，或磨扁铺；庭下，宜仄砌。方胜、叠胜、步步胜者，古之常套也。今之"人"字、席纹、斗纹，量砖长短合宜可也。有式：

# 砖铺地图式

图1.人字式

图2.席纹式

图3.间方式

图4.斗纹式

以上四式都用砖侧砌。

〔原文〕以上四式用砖仄砌。

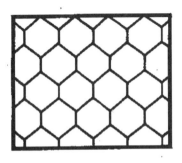

图5.六方式

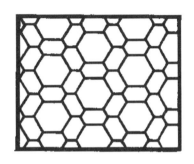

图6.攒六方式

第一章 《冶园》新译

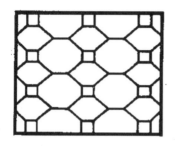

图7.八方间六方式

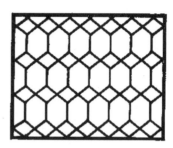

图8.套六方式

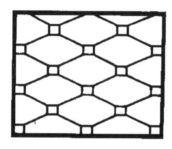

图9.长八方式

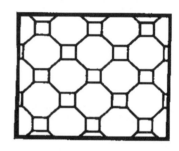

图10.八方式

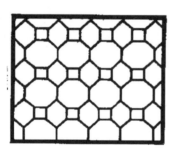

图11.海棠式

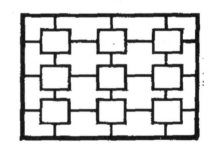

图12.四方间十字式

以上八式用砖框，内嵌鹅卵石砌成。

〔原文〕以上八式用砖嵌鹅子砌。

**香草边式**　用砖侧砌成内外双边，双边内用瓦片嵌成香草纹，中间空格内或铺砖，或铺鹅卵石。

〔原文〕用砖边，瓦砌香草，中或铺砖，或铺鹅子。

图13.香草边式

**毬门式**　鹅卵石嵌于瓦片框中，只此一种式样可用。

〔原文〕鹅子嵌瓦，只一式可用。

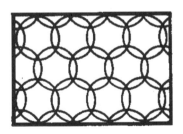

图14.毬门式

**波纹式**　用废瓦，厚薄分开，嵌波峰时用厚瓦头，波谷用薄瓦头。

〔原文〕用废瓦检厚薄砌，波头宜厚，波傍宜薄。

图15.波纹式

# 四、掇山

　　开始掇山之前，先要打好木桩。根据桩头打入地下的深和浅，就知道假山地基土质的硬与软。松软的地基要用条石作桩头。起吊重物要用吊杆。根据地势，挖坑埋好立柱；估测高度，挂好吊杆横竿。绳索必须结实，起吊时要稳妥。用粗石作假山基础，大块石头盖住桩头，石头空隙填满碴灰，以免水进入基础。

　　用顽夯粗笨的石块打底，按照作画皴法逐渐加高。形态瘦、漏的石块安排得当，自然就能显出奇巧玲珑。峭壁山务必使其直立，悬崖后背一定要坚固。岩、峦、洞、穴要有无穷无尽的感觉；涧、壑、坡、矶要有真实天然的形态。信步而至，山重水复疑无路；抬头望去，柳暗花明又一景。细径弯曲无穷，峰峦灵秀古朴。咫尺山林，胜景处处。山林之妙，得益于造园主持人；雅趣横生，也是园主修养所致。

　　一块大石头竖在中间作为主石，两边傍插的配石称作劈峰。主石巍然宛如君主，劈峰便像将相辅助。虽然位置似排列，但状态却是互相呼应。主石一般忌讳放在正中，适宜放中间时也可以放。劈峰总是以不用为好，有什么理由非用不可呢？

　　有的假山，排列如供桌上香炉蜡钎花瓶般呆板，设置似地狱中的刀山剑树那样狰狞。峰没有五老峰奇秀，池塘挖成四方形，下洞上台，东亭西榭。山洞小得像窥豹之管，路径多似小孩捉迷藏；小山像金鱼缸中的假山，大山像丰都鬼城般恐怖。现在讲究雅致，不必遵从古老的式样。

　　掇山必须有诗情画意，要有天然丘壑的意境；堆山之前先要安排好山脚，使山势自然而高深。用土堆成的丘岗，不取决于石形的巧拙。宜台宜榭之处构筑台榭，可登台邀月凭榭招云。或径或蹊要自然而得体，可独步其中寻花问柳。池边用粗石驳岸，顽夯者搭配得好便浑然天成；山头都挑土堆成，高低适当就能产生诸多意趣。需要了解堆土的奥妙，还要懂得理石的规律。造园要充分体现山林意境，布植花木要多考虑情趣。

按照真的山来叠假山，造出的假山要像真山。掇山既靠天赋进行构思，做成此事又完全靠人力。探索奇妙的构筑以符合园主人之好。这是同行们必须知道的。

〔原文〕掇山之始，桩木为先，较其短长，察乎虚实。随势挖其麻柱，谅高挂以称竿。绳索坚牢，扛台稳重。立根铺以粗石，大块满盖桩头。堑里扫于查灰，着潮尽钻山骨。方堆顽夯而起，渐以皴文而加。瘦漏生奇，玲珑安巧。峭壁贵于直立，悬崖使其后坚。岩峦洞穴之莫穷，涧壑坡矶之俨是。信足疑无别境，举头自有深情。蹊径盘且长，峰峦秀而古。多方景胜，咫尺山林，妙在得乎一人，雅从兼于半土。假如一块中竖而为主石，两条傍插而呼劈峰。独立端严，次相辅弼，势如排列，状若趋承。主石虽忌于居中，宜中者也可。劈峰总较于不用，岂用乎断然。排如炉烛花瓶，列似刀山剑树；峰虚五老，池凿四方；下洞上台，东亭西榭。罅堪窥管中之豹，路类张孩戏之猫；小藉金鱼之缸，大若丰都之境；时宜得致，古式何裁？深意画图，余情丘壑；未山先麓，自然地势之嶙嶒；构土成冈，不在石形之巧拙；宜台宜榭，邀月招云；成径成蹊，寻花问柳。临池驳以石块，粗夯用之有方。结岭挑之土堆，高低观之多致。欲知堆土之奥妙，还拟理石之精微。山林意味深求，花木情缘易逗。有真为假，做假成真。稍动天机，全叨人力。探奇投好，同志须知。

## (一) 园山

在园中掇山，不是士大夫中那些爱好园林的人，谁又肯去做呢？肯做的都是有很高鉴赏能力和学识的，世上没有这样情趣的人，不可能欣赏园内的假山。就拿厅前面叠三峰，楼前面堆一壁来说，如果能合乎自然，高低错落，分散得当，堆叠巧妙，也可以达到优美的境界。

〔原文〕园中掇山，非士大夫好事者不为也，为者殊有识鉴，缘世无合志不尽欣赏。而就厅前三峰，楼前一壁而已。是以散漫理之，可得佳境也。

## (二) 厅山

一般人都喜欢在厅前叠山，围墙圈中耸起三座高峰，一排连肩，非常可笑。如果再在峰上加建亭子，登临时一无可望之景。这样做有什么好处呢？只是更可笑而已。以我的看法，厅前如有好树，稍微点缀些奇巧玲珑的石块；如果无树，就在墙壁上嵌筑壁岩，或者再在岩顶植些花木藤萝，同样会产生山林意趣。

〔原文〕人皆厅前掇山，环堵中耸起高高三峰排列于前，殊为可笑。加之以亭，及登一无可望，置之何益，更亦可笑。以予见，或有嘉树稍点玲珑石块。不然，墙中嵌理壁岩，或顶植卉木垂萝，似有深境也。

### (三) 楼山

在楼房前掇山，应该叠得高些，才能引人入胜。但过高又会产生逼近楼房的感觉，不如稍微远一些，才会有些深远的意趣。

〔原文〕楼面掇山宜最高，才入妙。高者恐逼于前，不若远之更有深意。

### (四) 阁山

阁的四面都是敞开的。阁山适合于掇在阁的边上，要平坦而容易上，便于登山眺望。这样，阁内就不必架梯了。

〔原文〕阁皆四敞也。宜于山侧，坦而可上，便以登眺，何必梯之。

### (五) 书房山

书房内的庭院，掇小的假山，或靠近花木，错落有致，聚散合理；或掇悬崖峭壁，各有不同的情趣。书房中最适合的，是用山石筑成小池，靠窗俯视就会产生临水观鱼的感觉。

〔原文〕凡掇小山，或依嘉树卉木，聚散而理。或悬岩峻壁，各有别致。书房中最宜者，更以山石为池，俯于窗下，似得濠濮间想。

### (六) 池山

在池塘上建假山，为园中第一胜景。如果山有大有小，则更具妙趣。池塘中设置跨步之石，山顶上飞架小桥如虹。山洞暗藏在假山里，穿山洞而涉池水。峰峦高峻临水，月光穿隙漏照，洞穴招云纳雾。莫道世上没有神仙，这就是人间的蓬莱仙境。

〔原文〕池上理山，园中第一胜也。若大若小，更有妙境。就水点其步石，从颠架以飞梁。洞穴潜藏，穿岩径水，峰峦飘渺，漏月招云。莫言世上无仙，斯住世之瀛壶也。

### (七) 内室山

在天井中掇的山应该坚固高峻，山壁直立，岩要悬空，使人不可攀登。为了防止小孩游戏时，发生山石坠落的意外，山必须叠得结实。

〔原文〕内室中掇山，宜坚宜峻，壁立岩悬，令人不可攀。宜坚固者，恐孩戏之预防也。

## (八) 峭壁山

峭壁山是靠墙而掇的山。好像以粉白的墙壁为纸，以石为笔墨画图。掇山人要仔细研究石头的纹理，仿照古人山水画的笔意进行堆叠，再种上黄山松柏、古梅、美竹。从圆窗中观望此景，就像镜中之游。

〔原文〕峭壁山者，靠壁理也。藉以粉壁为纸，以石为绘也。理者相石皴纹，仿古人笔意，植黄山松柏、古梅、美竹。收之圆窗，宛然镜游也。

## (九) 山石池

用山石构筑成池，是我创造的方法。选薄板状的山石构筑，不能有缝隙，如果有小的孔缝就不能盛水。只要掌握等分平衡法就可以做成了。当用石板筑池时，要将石板的三边或四边都压紧。如果只压两边，难免底石会出现断裂。假若只压一边，缝隙稍有开裂就盛不住水。虽然可以用油灰抿缝（即勾缝）加固，但也不能止住漏水，自然应该十分注意。

〔原文〕山石理池，予始创者。选版薄山石理之，少得窍不能盛水。须知"等分平衡法"可矣。凡理块石，俱将四边或三边压掇。若压两边，恐石平中有损。如压一边，即罅稍有丝缝，水不能注。虽做灰坚固，亦不能止，理当斟酌。

## (十) 金鱼缸

像理山石池那样，用粗糙的缸一只或两只并排作底，将缸全埋（吴江土话读mā）或半埋在泥里，缸口的四周用山石围砌，再用油灰紧紧地抿牢缸口，使水漏不出去。在这种缸中养鱼，比在鱼缸中掇小山有趣。

〔原文〕如理山石池法，用粗缸一只，或两只，并排作底。或埋、半埋，将山石周围理其上，仍以油灰抿固缸口。如法养鱼，胜缸中小山。

## (十一) 峰

峰石是独块的。根据其形状，另外选择与它纹理相合的石头，让石匠凿榫眼后作为峰石的底座。峰石应上大下小，立在那里才好看。由两块、三块拼起来的峰石，也应该是上大下小，才会有飞舞的姿态。若是用多块石头掇成的峰，式样也要照前面所说的，但要用两三块大石封顶。要掌握平衡法的原理，才不会失败。如果稍有歪斜，时间长了会斜得更厉害，峰石就必然会倒下，所以必须十分小心地处理好。

〔原文〕峰石一块者，相形何状。选合峰纹石，令匠凿笋眼为座。理宜上大下小，立之可观。或峰石两块三块拼掇，亦宜上大下小，似有飞舞势。或数块掇成，亦如前式，须得两三块大石封顶。须知"平衡法"，理之无失。稍有欹侧，久则逾欹，其峰必颓，理当慎之。

### (十二) 峦

峦是山头高峻的假山。掇时，不能要求整齐，也不可叠成像笔架那样。要有高有低，随景致造型如"乱"掇，以不并排而立为好。

〔原文〕峦，山头高峻也。不可齐，亦不可笔架式。或高或低，随致乱掇，不排比为妙。

### (十三) 岩

如果掇悬岩，起脚时要小些，向上逐渐放大。到高处，要使其后面坚固才能悬空。这种方法自古以来罕见。一般悬空一石，再挑悬一石而已，再要多挑就不行了。我用平衡法，将前面挑出的石块的重量分散，再用长条石压住，能挑悬出去几尺，看起来真有点吓人，其实是万无一失的。

〔原文〕如理悬岩，起脚宜小，渐理渐大。及高，使其后坚能悬。斯理法古来罕有。如悬一石，又悬一石，再之不能也。予以"平衡法"，将前悬分散后坚，仍以长条堑里石压之，能悬数尺。其状可骇，万无一失。

### (十四) 洞

堆假山洞就像造屋，先在地上立几根牢固的石柱，再将玲珑多孔的石块嵌掇起来，要叠得如门窗一样可以透亮光。洞的上部，要像理岩那样挑悬后合拢收顶，上面再用长条石压住，这样才可以长久不坏。这种洞宽可达丈余，可以摆宴设席，实在是从古到今少见的。顶上堆土植树或作台、建亭屋，只要认为合适就可以了。

〔原文〕理洞法，起脚如造屋，立几柱著实，掇玲珑如窗门透亮。及理上，见前理岩法。合凑收顶，加条石替之，斯千古不朽也。洞宽丈余，可设集者，自古鲜矣。上或堆土植树，或作台，或置亭屋，合宜可也。

### (十五) 涧

假山以靠水为好。如果高处没有水流下来，筑了涧壑而无水源，这就缺少深远的意境。

〔原文〕假山依水为妙。倘高阜处不能注水，理涧壑无水，似少深意。

### (十六) 曲水

古人构建曲水都凿石槽，槽上装一个石龙头喷出水来。这种做法既费工又显得庸俗平淡。为什么不用理涧的方法，上面做成石泉，泉水出口做成瀑布。这样，既可在曲水中浮杯传饮，又得天然的趣味。

〔原文〕曲水，古皆凿石槽，上置石龙头喷水者，斯费工类俗。何不以理涧法，上理石泉，口如瀑布，亦可流觞，似得天然之趣。

### (十七) 瀑布

瀑布的做法和峭壁山一样。先看好高楼上的檐口水，用水落将水引到墙顶上做好的天沟中，再流到壁山顶上预留的小坑内。当水多时从小坑的缺口流出，自上而下就如瀑布一样。不然，水流散漫就不像瀑布了。这就是"坐雨观泉"的意境。

〔原文〕瀑布如峭壁山理也。先观有高楼檐水，可涧至墙顶作天沟，行壁山顶，留小坑，突出石口泛漫而下，才如瀑布。不然，随流散漫不成，斯谓"坐雨观泉"之意。

凡是堆叠假山都想做得好看。要想让人说好，虽然只有片山块石，也应该有天然山林的野趣才行。而今，各处地方的假山，竟然都像苏州虎丘山下、南京凤台门前的花农制作的盆景那样矫揉造作。

〔原文〕夫理假山必欲求好。要人说好，片山块石，似有野趣。苏州虎丘山、南京凤台门，贩花扎架，处处皆然。

# 五、选石

想要识别石头的来路，必须问清石山的远近。石头本身不值几个钱，费用主要花在人工上。翻山越岭，开道铺路，都要人工去做。如果水运便利，虽有千里之遥也不怕；费些时日运到，就近再用人搬运即可。

如果石头是玲珑奇巧的，可以用来作独立的石峰；讲究牢固要选古朴顽夯的石头进行堆叠。选石头时，要注意选质地好没有裂纹的石头，然后按照绘画的皴法堆掇。裂纹多的石块容易破碎，没有空洞的石头才可以作为悬石。

过去人们都认为太湖石是最好的，而今赶时髦的只知道"花石纲"石头。现在都参照山水画进行掇山，外行人不知道用黄石的妙处。叠小山可以仿照倪云林的幽淡气息，掇大山可以参考黄子久的雄浑气魄。黄石的表面看上去虽然顽夯，堆高以后颇具险峻削瘦的意境。这种石头适宜堆叠，山上到处可以采到。石头与草木不同，草木采伐后还可以恢复，而石头则不然。一般人都看重利益和名声，所以近处寻不着就到远处去找。

〔原文〕夫识石之来由，询山之远近。石无山价，费只人工。跋蹍搜巅，崎岖岃路。便宜出水，虽遥千里何妨；日计在人，就近一肩可矣。取巧不但玲珑，只宜单点；求坚还从古拙，堪用层堆。须先选质无纹，俟后依皴合掇。多纹恐损，无窍当悬。古胜太湖，好事只知花石；时遵图画，匪人焉识黄山。小仿云林，大宗子久。块虽顽夯，峻更嶙峋，是石堪堆，便山可采。石非草木，采后复生。人重利名，近无远图。

## （一）太湖石

太湖石产自苏州洞庭山水边，其中以消夏湾出产的最好。石质坚硬而色润，有嵌空、穿眼、宛转、崄怪等各种形态。石头颜色有三：一种白色，一种色青而泛黑，一种微带青黑色。太湖石的纹理纵横交错，筋脉起伏不定，石头表面到处是陷凹和洞坑，是由风浪冲激而成的，称为"弹子窝"，轻轻敲打微微有声。开采时，采石工带锤、凿潜到深水中，选择形状奇巧的凿下来，用粗绳索绑牢后架在大船上，使之浮出水面。

这种石头以高大的为贵，适合于竖立在堂轩之前，或装点在高大的松树下和奇花异卉旁。用太湖石装掇的假山，罗列在园林的广榭之间，颇为雄伟壮观。可惜自古至今开采日久，现在好石头已不多了。

〔原文〕苏州府所属洞庭山，石产水涯，惟消夏湾者为最。性坚而润，有嵌空、穿眼、宛转、险怪势。一种色白，一种色青而黑，一种微黑青。其质文理纵横笼络起隐，于石面遍多坳坎。盖因风浪中冲激而成，谓之"弹之窝"，扣之微有声。采人携锤錾入深水中，度奇巧取凿，贯以巨索，浮大舟，架而出之。此石以高大为贵。惟宜植立轩堂前，或点乔松奇卉下。装治假山，罗列园林广榭中，颇多伟观也。自古至今，采之已久，今尚鲜矣。

### （二）昆山石

昆山县马鞍山有一种石头产于泥土中，表面都被赤土覆盖，出土后清洗挑剔很费人工。石质表面高低不平，形状有险峻之势且透空，却没有挺拔高耸峦峰之态，轻轻敲打无声。石色清白，可以在它的奇巧处栽种小树或菖蒲，或放在器皿中制作山石盆景，造园却并无大的用处。

〔原文〕昆山县马鞍山，石产土中，为赤土积渍。既出土，倍费挑剔洗涤。其质磊块，巉岩透空，无耸拔峰峦势，扣之无声。其色洁白，或植小木，或种溪荪于奇巧处，或置器中，宜点盆景，不成大用也。

### （三）宜兴石

宜兴县张公洞、善卷寺一带山上出产石头，运的时候从竹林（又叫祝陵）走水路很方便。这里所出的石头，有的坚硬而有穿眼，形状玲珑秀巧很像太湖石；有的颜色发黑略呈黄色，石质粗糙；有的颜色发白而材质比较嫩。用这种石头掇山不宜悬挑，就怕它不结实容易崩塌。

〔原文〕宜兴县张公洞、善卷寺一带山产石，便于竹林出水。有性坚、穿眼、险怪如太湖者。有一种色黑质粗而黄者，有色白而质嫩者。掇山不可悬，恐不坚也。

### （四）龙潭石

龙潭在南京东南约七十里，沿长江有个地方叫"七星观"的，直到山口仓头一带，出产数种石头。有露在地面上的，有半埋的。其中，一种呈青色材质坚硬，透漏文理好像太湖石；一种呈微青色，材质坚硬而稍显顽夯的，可充作掇山时起脚压桩之用；一种纹理颜色古朴而无洞穴的，适宜于单点。还有一种呈青色，表面如核桃壳那样多皱纹，堆山时若能如山水画般合皱，那就太好了。

〔原文〕龙潭，金陵下七十余里，沿大江，地名七星观，至山口仓头一带，皆产石数种。有露土者，有半埋者。一种色青质坚透露，文理如太湖者。一种色微青，性坚稍觉顽夯，可用起脚压泛。一种色纹古拙无漏，宜单点。一种色青如核桃纹多皱法者，掇能合皱如画为妙。

### (五) 青龙山石

南京青龙山出产一种有大而曲的圆眼的石头，都是由工匠凿取后用来作峰石的。这种石头只有一面呈峻峭的形状。自古以来，一般人将这种石头作为太湖石的主峰，反而将"花石"作脚石，所掇之山像供桌上的香炉、花瓶，而且两旁又配上劈峰，活像刀山剑树。这种石头点缀在竹林下还可以，不适宜掇高成山。

〔原文〕金陵青龙山，大圈大孔者，全用匠作凿取做成峰石，只一面势者。自来俗人以此为太湖主峰，凡花石反呼为"脚石"。掇如炉瓶式，更加以劈峰，俨如刀山剑树者斯也。或点竹树下，不可高掇。

### (六) 灵璧石

安徽宿州灵璧县的磬山，泥土中出产石头。由于长期采掘，洞穴已深达数丈。这种石头盖满赤泥，当地人用铁刀进行剔刮，三遍后露出石的本色，再用铁丝帚或竹丝帚加碎磁末洗刷清润。此石扣之铿锵有声，底部都有积土不能弄干净。石头在泥土中时，大小、形态各异，或者像一样什么东西，或者成峰峦状而险巇透空，但石头上的洞眼很少有曲折转弯的，要用斧凿进行修治琢磨，才能使其达到完美。这种石头从土中挖出来时，只有一两面，或三面有些模样，四面全好的极少，数百块中难得有一两块。如果得到四面样子都好的，在其奇巧处再行加工镌治，将石底修平放置在几案上，也可以掇成小假山。有一种扁状而古朴或带云纹的，悬挂在室内可以作为磬，《尚书》中"泗滨浮磬"即指此。

〔原文〕宿州灵璧县地名"磬山"，石产土中。岁久，穴深数丈。其质为赤泥渍满。土人多以铁刃遍刮，凡三次，既露石色，即以铁丝帚或竹帚兼磁末刷治清润，扣之铿然有声。石底多有渍土不能尽者。石在土中，随其大小具体而生，或成物状，或成峰峦，巇岩透空。其眼少有宛转之势，须藉斧凿修治磨礲以全其美。或一两面，或三面，若四面全者，即是从土中生起，凡数百之中无一二。有得四面者，择其奇巧处镌治，取其底平，可以顿置几案，亦可以掇小景。有一种扁朴或成云气者，悬之室中为磬。《书》所谓"泗滨浮磬"是也。

### (七) 岘山石

镇江城南的大岘山一带都出产石头，小的可整块取来派用场，大的可从联结处凿断。这种石头形态奇异，呈黄色而清润，材质坚硬，轻轻击打有声音。也有灰青色的。石头上多穿眼且相通，可以用来堆假山。

〔原文〕镇江府城南大岘山一带皆产石，小者全质，大者镌取相连处，奇怪万状。色黄，清润而坚，扣之有声。有色灰青者。石多穿眼相通，可掇假山。

### (八) 宣石

宣石产于安徽宁国县境内，石色洁白，多被赤土所掩埋，开采后需刷洗才能露出本色来。也可以趁梅雨天，让屋檐水冲去土色。这种石头以旧的为好，越旧越白活像雪山。有一种叫"马牙宣"的，适合放置在几案上作摆设。

〔原文〕宣石产于宁国县所属。其色洁白，多于赤土积渍，须用刷洗才见其质。或梅雨天瓦沟下水，冲尽土色。惟斯石应旧，愈旧愈白，俨如雪山也。一种名"马牙宣"，可置几案。

### (九) 湖口石

九江湖口出产数种石头。有的产自水中，有的在水边。有一种石头呈青色，自然而成峰峦岩壑形状，或与某物相像。还有一种扁薄而多孔，眼穿且透空，好像木板被刀挖刻过那样，石头的纹理好比刷子上的丝那样，石色微润，敲之有声。苏东坡称之为"壶中九华"，并有诗句"百金归贾小玲珑"。

〔原文〕江州湖口，石有数种，或产水中，或产水际。一种色青，浑然成峰峦岩壑，或类诸物。一种扁薄嵌空，穿眼通透，几若木版以利刃剜刻之状。石理如刷丝，色亦微润，扣之有声。东坡称赏，目之为"壶中九华"，有"百金归贾小玲珑"之语。

### (十) 英石

英州的含光、真阳两县之间，产自溪水中的石头称"英石"。有数种：

一种浅青色，偶尔带有白色的脉络；一种浅灰黑色，一种浅绿色，都有峰峦形态，嵌空穿眼，婉转相通。石头材质稍清润，轻轻击打微微有声。可置几案之上，亦可装点成盆景，还可掇成小假山。有一种白色的，四周峰峦耸挺，多棱角且晶莹带点半透明，表面光亮可像镜子那样照出物影来，轻扣无声。采石工人在水中，选形状奇巧的凿取。这种石头只能放在几案上作摆设。

〔原文〕英州含光、真阳县之间，石产溪水中。有数种：一微青色，间有通白脉笼络；一微灰黑，一浅绿，各有峰峦，嵌空穿眼，宛转相通。其质稍润，扣之微有声。可置几案，亦可点盆，亦可掇小景。有一种色白，四面峰峦耸拔，多棱角稍莹彻，而面有光，可鉴物，扣之无声。采人就水中度奇巧处凿取，只可置几案。

#### (十一) 散兵石

"散兵"，就是汉军张子房四面楚歌惊散楚军的地方，在安徽巢湖的南面。散兵石有大有小，形态各异，浮露于山坡上。材质坚硬颜色青黑，有像太湖石的，有带古朴皱纹的。当地人开采后装运出去贩卖，扬州赶潮流的人，专门喜欢买这种石头。有的石头体积很大，而且形状奇巧透漏如太湖峰石的，至于上等的还未开采到。

〔原文〕"散兵"者，汉张子房楚歌散兵处也，故名。其地在巢湖之南。其石若大若小，形状百类，浮露于山。其质坚，其色青黑，有如太湖者，有古拙皱纹者。土人采而装出贩卖，维扬好事尚买其石。有最大巧妙透漏如太湖峰，更佳者，未尝采也。

#### (十二) 黄石

黄石到处有出产，质地坚硬不吃斧凿，纹理古朴。常州黄山、苏州尧峰山、镇江圌山，沿长江而上直至安徽采石矶之上到处都出产黄石。一般人只认为它顽夯，而不知道它的妙处。

〔原文〕黄石是处皆产，其质坚，不入斧凿。其文古拙。如常州黄山、苏州尧峰山、镇江圌山，沿大江直至采石之上皆产。俗人只知顽夯，而不知奇妙也。

#### (十三) 旧石

世上那些附庸风雅的人为图虚名，刻意搜求旧石。听说某名园的某峰石，曾有某名人题咏过，从某代传到今天，是真的太湖石，现在园子已荒废准备出售，就不惜花巨资去买来。如果买回来作为古董，那倒还可以。也有的只要听说是旧石头，就重价买回。那太湖石自古至今被爱好者大量开采，现在已经为数极少了。如果其他山上有未开采的石头，只要选择透漏、青骨、质地坚硬的开采回来，也未必比太湖石差。石头从远古至今一直裸露在外，有什么新旧之分呢？采购石头只要花费搬运装载之费，运到园中能花多少钱？我听说一块石头名为"百米峰"，经了解是花一百担米钱买来的，遂得名。现在，如果花百担米买此石，再花运费百担米，岂不成了"二百米峰"了。凡石头露风就变旧，从泥里刚掘出来为新。新的虽然带有泥土颜色，但经过雨露，不要多久也就成旧的了。

〔原文〕世之好事慕闻虚名，钻求旧石。某名园某峰石，某名人题咏，某代传至于今，斯真太湖石也。今废，欲待价而沽。不惜多金，售为古玩还可。又有惟闻旧石，重价买者。夫太湖石者，自古至今好事采多，似鲜矣。如别山有未开取者，择其透露、青骨、坚质采之，未尝亚太湖也。斯亘古露风，何为新耶？何为旧耶？凡采石惟盘驳、人工装载之费，到园殊费几何？予闻一石名"百米峰"，询之费百米所得，故名。今欲易百米，再盘百米，复名"二百米峰"也。凡石露风则旧，搜土则新。虽有土色，未几雨露亦成旧矣。

### (十四) 锦川石

这种石头以旧为贵，颜色有五色的，有纯绿的。花纹如图画上的松树皮。高一丈以上，粗超过一尺的为贵。通常不足一丈高的居多。最近，发现宜兴有一种石头像锦川石，其纹眼中嵌有石子，颜色也不很好。旧的纹眼漏空，色泽也比较清润，直插在花间树下是很好看的。如果用于掇山，那就像劈峰了。

〔原文〕斯石宜旧。有五色者，有纯绿者，纹如画松皮。高丈余，阔盈尺者贵，丈内者多。近宜兴有石如锦川，其纹眼嵌石子，色亦不佳。旧者纹眼嵌空，色质清润，可以花间树下插立可观。如理假山，犹类劈峰。

### (十五) 花石纲

宋代"花石纲"的石头，在河南靠近山东的地方到处都有，是当时运送时遗留下来的。这些石头形状都很奇巧，但是从陆路装运极为困难。有爱好的人搬几块摆设在园子中，倒也增色不少。

〔原文〕宋"花石纲"，河南所属，边近山东，随处便有，是运之所遗者。其石巧妙者多，缘陆路颇艰。有好事者少取块石置园中，生色多矣。

**(十六) 六合石子**

六合县灵居岩的沙土中及河边上，出产玛瑙石子，体积很细小。有像拳头大的，纯白色的，有五彩纹的，有纯五彩的，色泽温润晶莹透明。如果选花纹色彩好看的，铺在地上很像锦缎。或放在涧壑和流水中，自然清新可爱。

〔原文〕六合县灵居岩沙土中及水际，产玛瑙石子，颇细碎。有大如拳，纯白，五色者，有纯五色者，其温润莹彻。择纹彩斑斓取之，铺地如锦。或置涧壑及流水处，自然清目。

在园林中叠假山，到处有爱好者，到处有石块，可惜找不到精于叠山之人。若要问出产石头的地方，其实到处有山，理应都出产石头。虽然不可能得到精美绝伦的石头，但无论怎样顽夯粗笨的石头，只要是有纹理的都可以利用。曾经看见过宋代杜绾的《石谱》，其中问道，"何处无石？"我使用过的石头产地不多，大概记述如上，其余没有见过的就不录了。

〔原文〕夫葺园圃假山，处处有好事，处处有石块，但不得其人。欲询出石之所，到地有山，似当有石。虽不得巧妙者，随其顽夯，但有文理可也。曾见宋杜绾《石谱》，何处无石？予少用过石处，聊记于右，余未见者不录。

# 六、借景

造园没有一定的格式，借景却要有一定的道理。关键是要与四季的变化相适应，与"八宅"（即相风水）毫无关系。林前适宜长久伫立，因为有竹木森森之景。城市里喧闹又秽浊，要选择悠闲清静之处。登高举目远眺，远山环翠如屏。厅堂高敞和风扑面，园门临水春意滋润。满目嫣红艳紫，欣欣然如遇花中神仙；常饮清酒浊酒，飘飘然堪比山中宰相（陶弘景）。

（春天）学潘岳作赋《闲居》，仿屈原爱惜芳草。轻扫小径护兰芽，分得清香满幽室；高卷竹帘迎新燕，呢喃翻飞剪春风。落花飞舞，弱柳垂丝，春寒料峭，秋千高架。闲情雅致自适，陶醉城市山林，顿觉尘外之感，仿佛画中之行。

（夏天）林荫中黄莺始啼，山湾里樵夫高歌。凉风自林荫中来，好比远古仙境。松寮中幽人吟唱，竹林里逸士弹琴。出水芙蓉仿佛美人新浴，雨洒竹叶好似檀歌轻扬。赴溪湾赏竹，临清流观鱼。山色迷蒙，浮云飞拂栏前；微波荡漾，清风直送枕边。南轩中学陶潜寄托傲世之志，北窗下似羲皇享受清凉之福。半窗外蕉桐绿荫，院墙上萝薜覆翠。卧池畔赏月影，坐石上论泉茗。

（秋天）苎衣不耐秋凉，清池尚留荷香。梧桐落叶惊秋，秋虫草间鸣唱。湖上平静，浮光无边，山峦妩媚，秀色可餐。长空一行白鹭，醉艳几枝丹枫。登高台远望，搔首问青天；凭敞阁夜饮，举杯邀明月。丹桂飘香悠然天外。

（冬天）惜寒篱黄菊已残败，探暖坡红梅谁先放。拄藜杖挂酒钱，邀邻居同畅饮。月下梅花恍如美人弄影，山中飘雪效仿高士醉卧。云密天暗如暮色，萧萧朔风扫落叶。夕阳西下昏鸦老树，残月悬空寒雁悲鸣。书窗孤灯夜吟，长夜无眠；锦幛红炉烹茶，瑞雪兆丰年。乘兴驾舟剡溪访故友，扫雪烹茶风味胜美酒。岁寒多韵事，市隐为清高。

四时名花不绝，赏景在乎新奇。借景没有一定的原因，能触景生情便是佳景。

〔原文〕构园无格，借景有因。切要四时，何关"八宅"。林皋延仁，相缘竹树萧森；城市喧卑，必择居邻闲逸。高原极望，远岫环屏。堂开淑气侵入，门引春流到泽。嫣红艳紫，欣逢花里神仙；乐圣称贤，足并山中宰相。《闲居》曾赋，"芳草"应怜。扫径护兰芽，分香幽室；卷帘邀燕子，闲剪轻风。片片飞花，丝丝眠柳。寒生料峭，高架秋千。兴适清偏，怡情丘壑。顿开尘外想，拟入画中行。林阴初出莺歌，山曲忽闻樵唱。风生林樾，境入羲皇。幽人即韵于松寮，逸士弹琴于篁里。红衣新浴，碧玉轻敲。看竹溪湾，观鱼濠上。山容蔼蔼，行云故落凭栏；水面鳞鳞，爽气觉来欹枕。南轩寄傲，北牖虚阴。半窗碧隐蕉桐，环堵翠延萝薜。俯流玩月，坐石品泉。苎衣不耐凉新，池荷香绾；梧叶忽惊秋落，虫草鸣幽。湖平无际之浮光，山媚可餐之秀色。寓目一行白鹭，醉颜几阵丹枫。眺远高台，搔首青天那可问；凭虚敞阁，举杯明月自相邀。冉冉天香，悠悠桂子。但觉篱残菊晚，应探岭暖梅先。少系杖头，招携邻曲。恍来林月美人，却卧雪庐高士。云冪黯黯，木叶萧萧。风鸦几树夕阳，寒雁数声残月。书窗梦醒，孤影遥吟。锦幛偎红，六花呈瑞。棹兴若过剡曲，扫烹果胜党家。冷韵堪赓，清名可并。花殊不谢，景摘偏新。因借无由，触情俱是。

借景是造园中最关键的一环，如远借、邻借、仰借、俯借，应时而借等。但景物因时而变，要想达到目有所见而心有所思，造园时就要像绘画那样"意在笔先"，才能写画尽致。

〔原文〕夫借景，林园之最要者也。如远借、邻借、仰借、俯借，应时而借。然物情所逗，目寄心期，似意在笔先，庶几描写之尽哉。

# 自识

　　崇祯甲戌年（1634），我已经五十三岁了。为了生计历尽艰辛，现在已经厌倦为此造园而东奔西走。从小时候起，我就对山水林泉有浓厚的兴趣，不求功名而潜心考察山水，后来又长期从事造园，好像与世事已经疏远了。眼下时局很乱，许多人都设法隐居以求安泰。让我感到很惭愧的是，自己没有买一小块山林的能力，只能做桃花源外面的人。

　　我是真的生不逢时。但想想三国时的诸葛亮，武则天时的狄仁杰，那样的贤相豪杰尚且也受时运限制，何况我这个只会造园的无名之辈。

　　造园的空闲中写了这本《园冶》，本想传给长生、长吉两个儿子，使他们有个谋生手段。现在刻印成书，同样也方便了世人。

　　〔原文〕崇祯甲戌岁，予年五十有三。历尽风尘，业游已倦。少有林下风趣，逃名丘壑中。久资林园，似与世故觉远。惟闻时事纷纷，隐心皆然。愧无买山力，甘为桃源溪口人也。自叹生人之时也，不遇时也。武侯三国之师，梁公女王之相，古之贤豪之时也，大不遇时也。何况草野疏遇。涉身丘壑，暇著斯"冶"，欲示二儿长生、长吉，但觅梨栗而已。故梓行，合为世便。

第二章 计成与《园冶》探讨

# 计成传略

计成在《园冶》中自说，"崇祯甲戌岁（七年，1634），予年五十有三"，从而推测应生于万历十年（1582）。字无否，号否道人，江苏吴江松陵人。少年时曾受过良好的文化教育，博学多才，热衷绘画，对关全、荆浩的画理反复揣摩，画技日进。他的另一个特点是，爱好搜罗奇形怪状的树桩石块、亭台楼阁式样以及字画古董，加上自己的体会，把它们的形态配置到画幅中，使画面更具自然天成的色彩，小有绘画名声。这为他日后从事园林建筑，打下了坚实的基础。

及长，他游历了楚州、山东、京城的名山大川，加上爱好探胜，更增添了对山水画理的感性认识。这又为他日后的造园生涯，准备了丰富的奇巧构思理念。

镇江古称润州，地处长江、京杭运河的交汇处，也是各种创作思想的碰撞融合之地。连绵不断的丘陵山冈，满目青翠欲滴的树木，蜿蜒缠绵的老藤，叮咚潺潺的溪流，粗夯笨实的黄石，清奇古怪酷似太湖石的旱石，无一不是临摹的天然素材，艺术再创造之不竭源泉。

清康熙年间，江苏巡抚汤斌在《阳彭山春望词·跋》中说："虽无奇峰危巇、深涧绝壑之观，然登其上而三山云树，环翠如屏，长江汹涌，风帆隐现，与润州城堞接橹。烟火十余万家，无不近在几席。"独特的地理环境，造就了别有韵味的风物景观。难怪"名家巨族竞选山水靓冶之区，治园亭台榭，极岁时游览之娱"。

明末，文人墨客云集镇江，西园的戏剧更是集南北各种流派之大成。各色人等中不乏园林方面的高手，互相切磋其乐无穷。正是在这种背景下，中年归吴的计成便"择居润州"，汲山水之精华，集众家之大成。

一次，他看到有人用小石头，在竹木之间堆砌假山，一座座叠得像迎春神中的泥菩萨，不禁哑然失笑。人问笑从何来？他说："世人都知道有真必有假，为什么不按真山的形状来叠，而要堆成现在那样，像摆了一地的泥菩萨呢？"对方将了他一军，让他叠出来看看。他上去三下五除二，俨然一座真山凸现在大家面前。人们争相称赞不已，从此他的叠山手艺不胫而走。

此时，常州吴又于购得城东宅基十五亩，是元朝宰相（参知政事）温迪罕秃鲁花的旧园。吴请计成去，要求十亩为宅，五亩为园，仿照宋代司马光所建"独乐园"的格局建造傍宅园林。

他仔细踏勘了整座宅院，只见土山与水面之间高低落差挺大，满山乔木参天，虬枝拂地。他建议，把整个土墩垒石成一座真山模样，再挖深池塘增大落差，让参差的乔木位于半山腰，石缝中露出盘根错节的老树根，沿着池塘依山构筑亭台，中间用曲折的假山洞和飞檐长廊连接。这样，整个园林宛如一幅山水画卷，给人以一种全新的感觉。园子建成后，吴又于喜不自禁，认为简直是把江南胜景都搬进了自己的园中。

此后，他又帮别人构筑了一些"片山斗室"小作品，把自己多年苦思冥想得来的奇思妙构付之现实。仪征汪士衡中翰也慕名请他去，在城西筑"寤园"。这南邻大江的"銮江西筑"是他的又一得意之作，自认为与常州的"吴园"，可以"并骋南北江焉"，受到名人佳士的称赞。河南提学副使曹元甫称道："斧开黄石负成山，就水盘蹊置险关。借问西京洪谷子，此图何以落人寰。"说计成所筑的园，完全是洪谷子（即荆浩）画意的再现。

在从事造园叠山的空余时间，他把自己的造园心得编成一部图文并茂的著作，起名《园牧》。崇祯四年（1631），曹元甫应汪士衡之邀游寤园，又读了《园牧》后，认为造园本是诗情画意的凝集和提炼，称"牧"太平淡，称"冶"才恰当。于是，计成从其言，改书名《园牧》为《园冶》。

崇祯七年（1634）四月，因魏珰案罢官赋闲的阮大铖放舟游寤园，对计成的造园水准叹为观止，认为到了寤园，就再也不必汗流浃背云游名山大川了。两天盘桓下来，对计成的人品和才能大加称赞，说他"人最质直，臆绝灵奇，侬气客习，对之以尽。所为书画，甚如其人"。感叹曹元甫慧眼识材。梦想有朝一日也要请计成构筑一园，以侍奉老母，颐养天年。为《园冶》作序，并写下《计无否理石兼阅其诗》："无否东南秀，其人即幽石。一起江山寤，独刬烟霞格。缩地自瀛壶，移情就寒碧。精卫复麖呼，祖龙逊鞭策。有时理清咏，秋兰吐芳泽。静意莹心神，逸响越畴昔。露坐虫声间，与君共闲夕。弄琴复衔觞，悠然林月白。"

阮大铖将《园冶》付梓。53岁的计成，在书后写了一个跋，称为《自识》。其中说："历尽风尘，业游已倦。少有林下风趣，逃名丘壑中。久资林园，似与世故觉远。惟闻时事纷纷，隐心皆然。愧无买山力，甘为桃源溪口人也。"从中可以看出，晚年的他并不像有些人臆断的那样，是传食朱门，身有不菲资产，而是生活在社会的低层。面对越来越纷乱的时世，不少人已躲入桃花源，而他空有一身才能，只能待在桃花源外面忍受煎熬，不免生出许多生不逢时的感叹。他还说："涉身丘壑，暇著斯'冶'，欲示二儿长生、长吉，但觅梨栗而已。"给人的印象是，对身后颇多担忧。

崇祯八年（1635），他帮助老友郑元勋筑"影园"于扬州城西南湖中长屿上。当年五月初一，郑在影园为《园冶》作序，名曰《题词》。十年四月，郑又写了《影园自记》，详细记述了影园的架构和形胜，为后世研究计成造园艺术留下了弥足珍贵的史料。由于郑的《题词》远晚于《园冶》的付梓，后世推测《园冶》明版本绝不是仅有一种。

《园冶》刻版后，计成未曾参与校订，留下了如《兴造论》一节最后"予亦恐浸失其源，聊绘式于后，为好事者公焉"，而并无园林全景图例这样的错误。可能计成对阮大铖的人品和处事看不惯，而阮也有所察觉，两下就不再往来。

（沈春荣　沈昌华）

**参考书目：**

1.计成：《园冶》，城市建筑出版社，1956。

2.曹汛：《计成研究》，见《建筑师》第 13 期，中国建筑工业出版社，1982。

3.计成著，陈植注释：《园冶注释》，中国建筑工业出版社，1988。

4.宋濂：《元史》，中华书局，1976。

5.脱脱：《金史》，中华书局，1975。

# 《园冶》，世界最古老的造园学著作

计成的《园冶》由中国传入日本，被日本园林界，甚至世界园林界推崇备至。之后，由朱启钤、陶兰泉、阚铎等人从日本将之带回国内，刊印问世，使国人重见此书。从付梓刊印的明崇祯七年（1634），到1931年，陶兰泉将朱启钤搜集的《园冶》补齐本汇辑入《喜咏轩丛书》中，1932年阚铎句逗《园冶》、校正图式后，经中国营造社出版。这三百年间，关于计成和《园冶》，国内知之者甚少。

## 一、《园冶》几遭湮灭原因

一部世界最古老的造园名著，被当今造园界推崇为与李时珍的《本草纲目》、宋应星的《天工开物》、徐光启的《农政全书》同等重要的传世之作，为什么在这么长的时间里没有被大家所重视，甚至遭到几乎湮灭的危险，究其原因有四。

其一，《园冶》完稿于明崇祯辛未（四年，1631），出版于甲戌（七年，1634），正值内乱叠起，清军南进，导致百业走向凋敝，"惟闻时事纷纷，隐心皆然"，士商人等均以求生为重，造园业的生存空间正在逐步消失。《园冶》一书出版后，虽经对造园很有研究的"影园"主人、好友郑元勋的极力推荐，在造园市场极其大的扬州得到流传，但总的传存趋势是不佳的。《园冶》对无钱造园者、无心造园者来说，无疑只是一本不屑一顾的闲书而已。

其二，清初，康、乾二帝热衷建造浩大的开放式花园，取代了明朝士大夫隐居式的"独乐园"。《园冶》的市场影响也就走向潜在方式。虽然那时富宦豪绅所建园林的基本格局、工艺技巧上，处处都有计成的影子，但再也不是"堂占太史，亭问草玄"高士隐居的"城市山林"，而是酒池肉林、歌舞彻夜的销金窟。造园宏观风格的变化，就有《园冶》被束之高阁的可能。而且有众多的园林模式摆着，从实物中学习，要比从书本上学习来得直观又方便。此外，《园冶》那些对意境叙述和描写的骈体文，也不是一般匠人所能读懂和理解得了的，因此也就很难流传了。

其三，《园冶》中，计成所写的诗话式文字，交织着古怪而冷峻的赋，再夹杂了许多吴江的土话和行话，一般人读起来常常会产生不知所云的感觉。例如，《园说》中"拖条梆杖"，"拖"是"顺手拿"、"顺便带"的意思，而量词"条"就不是吴江的习惯说法，应为"根"。《磨角》中有"攋角"一词，"攋"音là，意为"去掉"，"攋角"即"把角磨掉或切掉，使边线成弧形或直角变成两个钝角"。在吴江，把一块地方圈起来，或间隔成两部分，也称作"攋"，前一句说成"攋起来"，后一句说成"攋攋开"或"一攋两"。《装折》中"装折"的"折"即"分隔"，将一间房子分隔成两间，就说成"一折两"，如果用木板分隔，此木板就称"折板"。因此，把"装折"就说成"装修"是不确切的。《墙垣·乱石墙》中的"抿缝"即"勾缝"，"抿"在吴江还有一个"合"的意思，如"把嘴巴合上"就说成"拿嘴抿笼"。《铺地·诸砖地》中有"仄砌"，"仄"音zè，"仄砌"即"侧砌"或"立砌"、"竖插"，将砖的最大面与地平面垂直的砌法。

上面列举的几个例子是《园冶》中的典型。这种既夹杂吴江方言，又夹些别处语言的文字着实难倒了许多学富五车的文人。世上又没有一本专门释注吴江方言的辞典，帮助人们用普通话进行通释。因此一出现这样的词语，就使人推敲琢磨百思不得其解。加之书的专业性极强，普通人根本读不懂，除造园者外肯定不会对此感兴趣，自然流传面不会很大。

其四，计成的书由阮大铖作"冶叙"（序），而阮又为士林所不齿。城门失火殃及池鱼，使《园冶》蒙上浓重的阴霾。一般收藏此书者也不可能再四处传阅，命运只能是束之高阁遂至湮灭。

再说"计成"这个名字，名不闻士林。寓居异乡，购石掇山，造园建屋，东奔西走，为人又"质直"无"侫气客习"。在扬州郑元勋的影园建成后，便隐身匿迹不知去向。其事迹不见于典籍，其下落未闻于口碑。若不是《园冶》重新问世，谁也不会知道计成与《园冶》的故事。

当今，不少人研读《园冶》，也有不少人根据计成在《园冶》中的"自序"和"跋"，加上自己的理解，构思计成的故事，杜撰计成的画像。有的人注释计成的《园冶》，使计成得以从360年前的尘埃中，重新返回到人们的视线里。其实，对于计成的故事，编来编去并无多大的意义。我们研究计成及《园冶》，关键是要弘扬我国古代造园艺术的精髓，光大文明，振兴中华。

## 二、《园冶》的内容

《园冶》共三卷。第一卷包含"兴造论"、"园说"、"相地"、"立基"、"屋宇"和"装折"，第二卷为"栏杆"及其图式，第三卷包含"门窗"、"墙垣"、"铺地"、"掇山"、"选石"和"借景"。书前有阮序、郑序及自序，书后有"跋"（自识）。

"兴造论"与"园说"，阐述造园的意义和注意事项。这可以认为是造园"总论"。

"兴造论"是关于园林规划原则的总论。他认为，造园的关键是"园林巧于因、借，精在体、宜"，"当要节用"。要建成一个好园林的关键是"非匠作可为，亦非主人能自主者，须得求人"。这个被求的"人"，便是计成说的"能主之人也"。

"园说"中，计成阐述了他的造园思想与方法。在不到450字的文章中，他用赋文的形式，论述了择地、造屋、掇山、理水、造景、借景的方法，栽养花草竹树、鱼虫鸟兽的意图，春夏秋冬四时造景，乃至门窗、栏杆设计制作的构思。计成以其奇思妙想勾勒出"虽由人作，宛自天开"的"城市山林"画卷，阐述了"景到随机"、"因境而成"，"制式新番"、"裁除旧套"的灵活机动"随宜合用"方法论。

以上两篇文章，是计成造园思想的总纲、《园冶》一书的提要，也是他招徕业主的广告。

"屋宇"、"装折"、"栏杆"、"门窗"和"墙垣"等五篇文字均属建筑艺术。他在这几篇中，紧紧扣住造园的要求这一总纲进行论述，使读者深刻领悟出园林中的建筑，与一般民宅、官衙的区别，掌握园林建筑的特殊性。

如在"屋宇"中，计成说，"凡家宅住房，五间三间，循次第而造。惟园林书屋，一室半室，按时景为精"，"野筑惟因"，明确指出园林建筑与家宅之区别。门楼、堂、斋、室、房、馆、楼、台、阁、亭、榭、轩、卷、广、廊等各节，在泛论各种建筑的基本要求外，特别强调在园林中，该建筑的要求。如"台"一节，强调"园林之台，或掇石而高上平者；或木架高而版平无屋者，或楼阁前出一步而敞者，俱为台"。既说明了园林中台的多样性，又具体说明了园林中台的建造原则。"廊"一节则说明了他所建造的廊，不同于古之"曲尺（直角）"式的廊。"今予所构曲廊，之字曲者，随形而弯，依势而曲。或蟠山腰，或穷水际，通花渡壑，蜿蜒无尽，斯寤园之篆云也。"

在"装折"中，计成突出了"凡造作难于装修，惟园屋异乎家宅"，要求"曲折有条，端方非额。如端方中须寻曲折，到曲折处还定端方。相间得宜，错综为妙"。"屏门"、"仰尘"、"户槅"、"风窗"各节中，除了论述功用、做法外，他还按自己的构思，分别列出62种图样。其中户槅，长短式各一，槅棂43种，槅之束腰8种，风窗9种，有的还注明了具体加工安装方法。他特别强调，要"依式变换，随便摘用"。他所绘的那些图式，至今仍被各地园林广为应用。

对"栏杆"，计成极为重视。他以整个"卷二"描绘栏杆，共有图式100种，从简单的"笔杆式"起，逐渐由简到繁，共有双笔杆式1种、笔杆变式9种、环式5种、套方式12种、三方式9种、锦葵式1种、六方式1种、葵花式6种、波纹式1种、梅花式1种、镜光式4种、冰片式4种、联瓣葵花式5种、尺栏式16种、短栏式17种、短尺栏式7种。诸多式样习见于各大园林中。他竭力反对"回文"、"万字"纹式，认为此二式应留作佛座和编凉席之用，园屋间一律不用。语虽偏激，但总有其深层次的原因。有人据此认为，计成崇道抑佛。其实不然，他的"园说"中，就将"绀寺凌空"作为可以借用"远景"的构思，又怎么说他是"抑佛"的呢？

"门窗"中，计成再次强调园林建筑的特殊要求。门洞要用水磨砖贴面，反对雕花装饰。举"方门合角式"为例，说明了"门枋"的做法和"磨砖"的安装。另外，设计了"圈式"、"上下圈式"、"入角式"、"长八方式"、"执圭式"、"葫芦式"、"莲瓣"、"如意"、"贝叶"、"剑环"、"汉瓶"等16种门洞式样，"月窗"、"片月"、"八方"、"菱花"、"六方"、"如意"、"梅花"、"葵花"、"海棠"、"鹤子"、"贝叶"、"栀子"、"罐式"等14种窗洞式样。有些还注明具体做法，供造园时选用。

"墙垣"中，计成分围墙、内垣进行介绍。他反对在墙上堆雕花鸟草兽，深入分析其害处，提醒人们不要做此村愚市俗之事。当地基偏斜时，为确保屋之端正，他指出应以墙就屋，在墙屋间留头阔头狭的夹巷来解决。他还分别叙述了"白粉墙"（镜面墙）、磨砖墙（隐门照墙、面墙）、漏砖墙、乱石墙的砌造方法。在谈到"漏砖墙"的功用和做法时，他反对以瓦砌的"连钱"、"叠锭"、"鱼鳞"图样，设计了"菱花"、"绦环"、"竹节"、"人字"等16种式样，说明所设计的"漏砖墙"用磨砖砌为好，以坚固为第一。还特别介绍了"是乱石皆可砌"的乱石墙和乱石间用油灰抿缝的方法。

"相地"、"立基"、"铺地"、"掇山"、"选石"、"借景",是《园冶》一书的精彩部分。

"相地"中,计成阐述了"山林地"、"城市地"、"村庄地"、"郊野地"、"傍宅地"、"江湖地"等各种"地"的特性和造园中设计、施工的注意事项。

计成认为,各种"地"都有其本身的特点,只要巧于因借,充分利用均可造园。他认为,山林地最适于造园,"园地惟山林最胜。有高有凹,有曲有深,有峻而悬,有平而坦。自成天然之趣,不烦人事之工。"城市中不宜造园,一定要造则需精心规划。他说:"市井不可园也。如园之,必向幽偏可筑。邻虽近俗,门掩无哗。"造好后,要达到"足徵市隐,犹胜巢居。能为闹处寻幽,胡舍近方图远。得闲即诣,随兴携游"的效果。至于"团团篱落,处处桑麻"的村庄地,"平冈曲坞,叠陇乔林"的郊野地,"江干湖畔""悠悠烟水,淡淡云山,泛泛鱼舟,闲闲鸥鸟"的江湖地,也各有情趣。即使是傍宅空地筑成园,还有"便于乐闲","护宅"的好处。

从他的论述中,我们知道,古代造园不仅仅在宅旁市区、山林郊野、村庄水边,那些人迹罕至的荒莽之区,亦可因势利夺加以美化成人间仙境。他特别提到,"多年树木,碍筑檐垣,让一步可以立根,斫数桠不妨封顶。斯谓雕栋飞楹构易,荫槐挺玉成难。"指明古木大树应加以保护,屋宇应让大树,最多也只能在不妨碍其生长的情况下,砍掉数根枝丫而已。他这种意识,在数百年后的今天还有人没有具备,因而造成众多破坏性建设和建设性破坏。

"立基"分厅堂、楼阁、门楼、书屋、亭榭廊房及假山基,都从览胜、造景、幽静出发,使建筑物的位置、格式适应于造园的总体方案,并互为衬托相得益彰。他认为:"园圃立基,定厅堂为主。先乎取景,妙在朝南。"园中厅堂的方向是极其重要的。他强调,"筑垣须广,空地多存。"这样就可以有布局的主动权,"任意为持,听从排布"。由于所建的都是奉养老人、读书鼓琴之所,建筑物的量一般比较大,需要"择成馆舍,余均亭台","开土堆山",低挖成池。留出尽可能多的空间,可以产生"以小见大",幽深开阔的视觉效果。他主张"选向非拘宅相",明确地将迷信的"宅相",即堪舆家的妄言抛弃。这在古代是难能可贵的。

在"铺地"中,计成根据园林铺地的特殊性,强调造园中的协调性。分别阐述了厅堂中的磨砖地,路径上的乱石路,庭园中的蜀锦式图案地,台顶的石版地,湖石山前的碎瓦波纹地,梅树前的磨砖冰纹地等各种地面。还设计了除屋内遍铺磨砖地面外,砖瓦地面图案15种,有"人字"、"席纹"、"间方"、"斗纹"、"六方"、"八方"、"海棠"、"四方间十"、"香草边"、"毬门"、"波纹"等。有的注明适用对象和铺砌方法,供人选用。

"掇山"为《园冶》中的精华部分。计成提出了"深意画图"、"未山先麓","有真为假,做假成真,稍动天机,全叼人力"的观点;批评了"炉烛花瓶、刀山剑树"迎勾芒春神的叠石形式。对于山基的加固方法,吊竿的安装使用注意事项,峭壁、悬崖、山洞及园林中各种假山的堆砌原则、方法都作了详细叙述。其中,提到的"等分平衡法"和"平衡法"等近代西学名词,说明他对当时东渐的西学是有所钻研和实践的。

"选石"中,计成罗列了附近可作造园的,而且自己曾使用过的16种石头。对苏州洞庭山、昆山,宜兴张公洞、善卷洞,龙潭七星岩,金陵青龙山,宿州磬山,镇江大砚山,宁国等处的山石,特别是苏常镇沿江直至采石矶以上"是处皆产"的黄石,还有江州(今九江)湖口石、英州英德石、巢湖散兵石、锦川石(石笋)、六合石子,以及花石纲遗石和旧石,逐一介绍了各种山石产地、特点和用途。他特别推崇,黄石虽顽夯,但有"小仿云林,大宗子久"的妙用和"便山可采"(到处都有)的来源优势,还十分强调"便宜出水"的运输因素。

他说:"到处有山,似当有石。虽不得巧妙者,随其顽夯,但有纹理可也。"反问"何处无石",批评了慕虚名而不惜重金购买旧石头者的愚蠢。联系他在"铺地"中利用碎砖、破瓦的做法,足见他注重降低造园成本的思想和化腐朽为神奇的精明主张。

计成特别重视"借"景。他说:"借者,园虽别内外,得景则无拘远近。晴峦耸秀,绀宇凌空。极目所至,俗则屏之,嘉则收之。不分町疃,尽为烟景。斯所谓巧而得体也。"

在"借景"一节中,计成批判了堪舆家的"八宅"谬说后,阐明了借景对于园林的重要性。他用诗一般的语言分别阐述了"切要四时"(四季)不同的可借之景。从远、近、仰、俯各种方位,向读者展示春景、夏意、秋色、冬趣的图画,还特别指出"然物情所逗,目寄心期,似意在笔先"。"意在笔先"是计成对设计者的教诫,提醒造园者只有胸有成竹,才能有不败之笔。

通观一部《园冶》,计成以丰富的实践经验和聪明睿智,归纳了前人的造园尝试而写成功,是明末我国古典造园艺术成熟时期的理论总结。其所阐述的创作思想和方法,对此后的造园,对今天的美化环境都具有深远意义。

# 三、《园冶》的文字风格和思想倾向

　　《园冶》被公认为是一本难读的书。虽经阚铎、陈植等诸多造园界前辈的校对、句逗、注释，但读起来仍然半懂不懂如坠云里雾中。有人责怪其文字的搜奇奥僻，也有人认为是计成追求竟陵派的冷峻孤峭造成的。我们以为难读并不在文体，而有其三个方面的原因：

　　其一，计成作为一个以造园为生计的艺术家，要推销其造园技术，但又不能让同行一眼见底，要保持自己的技术壁垒。所以在写作时，必定要考虑既能阐明自己的造园思想，标榜自己的高超，又要在关键问题上"欲言又止"，或者提出问题而不把解决问题的方法坦陈于众。例如"屋宇"中，作者罗列了门楼、堂、斋、室、房、馆、楼、台、阁、亭、榭、轩、卷、廊等15种建筑式样的名称来历，极少提到建造它们的方法和注意事项。这是"广告式语言"的特征。正如专家们所说，"有意杂以幺弦侧调，让人很难绳之以法。"

　　其二，计成有深厚的文字功底，凡涉及精妙之处均用骈体文，引用大量的典故，洋洋洒洒阐述自己的思想。《园说》中，"山楼凭远，纵目皆然。竹坞寻幽，醉心即是。轩楹高爽，窗户虚邻。纳千顷之汪洋，收四时之烂漫。梧阴匝地，槐荫当庭；插柳沿堤，栽梅绕屋。结茅竹里，浚一派之长源；障锦山屏，列千寻之耸翠。""刹宇隐环窗，仿佛片图小李；岩峦堆劈石，参差半壁大痴。""紫气青霞，鹤声送来枕上；白蘋红蓼，鸥盟同结矶边。""斜飞堞雉，横跨长虹。不羡摩诘辋川，何数季伦金谷。""凉亭浮白，冰调竹树风生；暖阁偎红，雪煮炉铛涛沸。""夜雨芭蕉，似杂鲛人之泣泪；晓风杨柳，若翻蛮女之纤腰。移竹当窗，分梨为院；溶溶月色，瑟瑟风声。静扰一榻琴书，动涵半轮秋水。清气觉来几席，凡尘顿远襟怀。"把山水之美、园林之胜描绘得淋漓尽致。类似这种描写在《相地》中比比皆是，以此说明在不同地方造园能产生各异的意境。

　　即使在介绍造园的技法时，他也常常情不自禁地用精致的文字给读者描述一番。"亭榭基"中写道："花间隐榭，水际安亭，斯园林而得致者。惟榭只隐花间，亭胡拘水际。通泉竹里，按景山巅。或翠筠茂密之阿，苍松蟠郁之麓。或借濠濮之上，入想观鱼；倘支沧浪之中，非歌濯足。""廊房基"中写道："今予所构曲廊，'之'字曲者，随形而弯，依势而曲。或蟠山腰，或穷水际，通花渡壑，蜿蜒无尽。斯寓园之'篆云'也。"读了这些文字，谁不想选块合适的地方，造一座如在画中的亭子，建一条蜿蜒无尽的长廊，尽情地享受一下大自然给予人类的恩赐。

此类骈文描述意境可给读者留有思考的余地，但要完全读懂却就出现了问题。博学多才的郑元勋在《题词》中叹息，"然予终恨无否之智巧不可传，而所传者只其成法，犹之乎未传也。但变而通，通已有其本，则无传，终不如有传之足述。"换句话说，你读懂了计成的书，不见得就能造出一个像计成所说的园来，他的书只是一本参考书而已。

计成的骈体文，实际上相当于现代电影中的"意识流"，使人既感到已知如亲历，又感到茫然似幻景。这是计成所处的那个时代，身怀绝技的自我保护意识，否则绝技还有什么"绝"可言。

我们赞赏计成的水平。他可以用简约的文字，抒发自己对丘壑山林的奇思妙想。我们同样也怨责计成，何以不能像同时代其他大师们把话说得明白易懂，非要让求学者和后世费思量呢？

其三，计成在《园冶》中对一些制式和说法，采取明确的否定态度。如对"宅相"、"八宅"这样的相风水邪说，对墙门上的堆塑雕饰，对园林中使用"回字"形、"万（卍）字"形的图案等等，对某些流俗的做法、不高明的制作则采取嘲弄的笔调。如"掇山"中，"排如炉烛花瓶，列似刀山剑树；峰虚五老，池凿四方；下洞上台，东亭西榭。罅堪窥管中之豹，路类张孩戏之猫；小藉金鱼之缸，大若丰都之境。"又如"厅山"中的"环堵中耸起高高三峰排列于前，殊为可笑。加之以亭，及登，一无可望，置之何益？更亦可笑"等等。

但是计成又不指明如何改正，也不告诉别人正确的办法。这叫人虽然知误，而又无从知道正确的做法，最后仍然落个不懂的结果。

凡此种种，使得这部专业性极强的《园冶》，让光懂造园而乏古文知识者看不懂，光有古文而乏造园知识者弄不清，即使两者均可而不了解吴江土话者亦不能全懂。

其实，计成这样做既是存心，又实属无奈。其用骈文描写造园意境是对业主，即那些腰缠万贯或饱读诗文者的，使此辈能够领略他的本领，邀其造园，他自己才能够养家糊口。点到即止，不详述具体方法是自我保护意识的体现。至于家乡土话是任何人所无法避免的。即使在大力推广普通话的今天，也难保人们的"家乡话"不见诸于文字。

难读终要读，而且要竭尽全力去读，以使《园冶》能尽展其光辉。当然，计成在《园冶》中所论述的园林，都属于封建士大夫的"退隐闲居"，或是"奉亲读书"的场所，肯定要符合他们的"闲情逸趣"，也就不可避免地要把园林描绘成："寻闲是福，知享即仙"，"境仿瀛壶"，"嫣红艳紫"，"乐圣称贤"，"书窗梦醒，孤影遥吟，锦幛偎红，六花呈瑞"，"安闲莫管稻粱谋，沽酒不辞风雪路"的归林得意之所。

但在他的笔下，却也处处体现出人和自然紧密接触的"天然之趣"。无论房宇、门窗、户槅、天花，都讲究素淡、朴实、自然；池水藕蓼、山峦丘壑、草虫鱼鸟、竹树花卉，都主张舒适、恬静、清雅。计成理想中的园林，是"闲情逸趣"与"天然之趣"交织而成的画卷。其中，既有渊源的中华美学意识，又有纯真的民族文化精神。

明末，吴江这一太湖畔的小县，走出了世界公认的造园大师计成，写就了世界最古老的造园学巨著《园冶》。这是吴江地方的荣耀和骄傲。随着社会的进步和经济的发展，人们对生存环境越来越重视。在净化美化生存环境，再造碧水蓝天、人间仙境的大气候下，计成的《园冶》肯定会给我们很多的启迪和帮助。

**（沈春荣　沈昌华）**

# 松陵计无否考

松陵计无否，名计成，明代造园大师，以其《园冶》一书，主持建造常州吴玄的"环堵宫"、仪征汪士衡的"寤园"、扬州郑元勋的"影园"三个经典园林而著称于世，被当今国内外尊为中国古典园林的造园宗师。

## 一、计成和《园冶》版本

《园冶》一书，始刻于明崇祯初年，至今已有360年，在漫长的岁月中几乎被湮灭。所幸国内有识前辈，郑振铎、董康、朱启钤、阚铎、陶兰泉、陈植诸先生搜罗发掘、校对标点、注释刊印，才使之得以再见于国人。

《园冶》一书系统阐述了建筑文化与造园艺术的关系，是我国全面论述造园艺术的第一部专著。它促进了我国江南园林艺术的发展，也深刻地影响了世界造园界，因而被尊为"世界最古之造园书籍"。今天，人类强烈地意识到保护环境、改善人居条件的重要。《园冶》正是以其鲜明的中国文化精粹、强烈的民族文化精神、宣扬的人类美好居住环境，而引起人们的极大关注。许多学人名家研究其内容，进行详细诠注论证，深入考据评析。研究越多越觉其内容的丰富、涵盖的广度，越觉得计成遗产的可贵。

随之而来，对计成个人的研究也越来越多。但遗憾得很，计成个人的资料，除了他在《园冶》"自序"、"自识"所作的自我介绍，以及阮大铖的"冶叙"和郑元勋的"题词"中略为述及外，几乎无处寻觅可以作为参考的内容。人们对他身世的猜测五花八门。有的说，计姓在吴江非名门望族，因此史籍中无记载；有的认为，吴江曾出过计大章、计东这样的文人，计成或许与他们有血缘关系；有的怀疑，计成究竟是不是吴江人。更有甚者编出了计成自小栖身垂虹桥畔，靠卖大饼为生，以后又削发为僧的"戏说"故事。还有所谓，计成在同里会川桥畔有"五进三十五间"故居之说。有人给计成定了"附食朱门"的身份。稍微公正的说法是，计成以卓越的造园技艺和出色的公关手段，出入富商巨宦之家，以为他们造园而生活。

其实，仔细研读《园冶》一书，我们可以得出这样两个结论：

一、计成是吴江人。这在阮大铖的《冶叙》中说得最清楚不过，"《冶》之者，松陵计无否"。松陵者，就是现在吴江市政府所在地松陵镇。据史籍记载，"松陵"之名早在春秋时就出现，《吴越春秋》有"越攻吴，兵入于江阳松陵"之句。江即吴淞江，亦称松江，松陵在江的北岸。这与现在的地形地貌大不相同，现在吴淞江改道至松陵之北。汉高祖刘邦元年（前206）在此置"松陵镇"。自吴江置县起，松陵镇就一直是县治所在地。当然，古代也有吴江境内文人，自称是松陵人氏的习惯。即使是这种情况，那么计成是吴江人是准确无疑的。问题是，为什么吴江的典籍中竟然没有关于他的点滴记载。我们认为，这有三种可能：其一，计成家不是名门望族，祖辈及后人均未入仕林，更未入典籍；其二，计成的造园业绩在外地，所著《园冶》一书在外地刊刻，回流到家乡的不多，且没有被吴江的文人学士所注意，具有崇文重收藏书籍的吴江，历代县志、镇志的"书目"、"藏书"中均无《园冶》一书，但《园冶》崇祯版其中一种正文第二行署有"松陵计成无否"这点是毫无疑问的；其三，"计成"是他在外地造园和著述时的艺名，不是他的本名。

二、从《园冶》的文字中，我们确信，计成早年受过良好的文化教育，得益于渊源的家传，或受业于名师。《园冶》词藻华丽且冷僻，引用典故众多，骈体文对仗工整。其写景的赋文，更是显示作者非凡的文字功底，即便当年的文学名人，也未必尽出其上。这些都绝不是"戏说"他"陪读"黄家公子所能学到的。他能文善画，曾遍游江浙燕地齐鲁各处名山胜迹，生性豪放豁达。按理说，他生长在吴门，以沈周（石田）、文徵明（徵仲）、唐寅（伯虎）、仇英（实父）等绘画大家所开创的"吴门画派"细腻的花卉、仕女、鸟兽虫鱼画法，应该是他所师从的，但他独独崇拜荆浩、关仝的粗犷豪放的山水笔法。这是由他自身性格所决定的。他自说"游燕及楚"，长年累月登山涉水进行遨游，如果没有足够的家财，又无在他乡为官经商的至亲好友，是绝对办不到的。他能结交社会上层钱谦益、阮大铖、曹元甫，自由出入富商郑元勋、汪士衡之门，而且受到这些达官贵人们的礼遇赞誉，没有相当的社会关系是根本不可能的。

不少研究《园冶》的专家都认为，《傍宅地》一节所阐述的造园思想和意境，是以常州吴玄的园林为蓝图的。特别是其中"轻身尚寄玄黄，具眼胡分青白。固作千年事，宁知百岁人。足矣乐闲，悠然护宅"几句，分明是以文字规劝失意的江西布政司参政吴玄，把一切烦恼抛于脑后，不要再以青白眼看当时的党争，不要再编《吾徵录》这类攻讦东林党人的文字，只需尽情享受眼前的安乐。这在侯门深似海的封建社会，以一匠之微，能按主人意图造园建屋已属不易，岂当能容得你对官宦主人的处世行事置喙，说长道短呢。所以，计成的社会关系圈肯定是有相当地位的。他在吴玄家造园，完全是属于朋友之间的帮忙、策划，其身份绝对不是一般的造园匠。他与几乎同时代的张涟（南垣）等纯粹"花园子"们绝非同类。他可以将张涟与吴伟业（梅村）之间的玩笑话"无窍之人"，加上"确也"进行嘲笑，足证他应先知张吴之玩笑，又与张吴不是一流。

基于上述两点，我们认为，计成是一个有相当社会背景，阅历深广又学识渊博的吴江人。

《园冶》的社会价值和历史价值，已有公论。关于此书的版本，据陈植先生的《园冶注释·序》可知，仅日本学人藏的明本便有4种：（一）在阮序前钤有圆形楷书阳文"安庆阮衙藏版，如有翻印千里必治"及方形篆书"扈冶堂图书记"章的；（二）阮序为阮氏手迹，阮序之后有"皖城刘焰刻"楷书阳文直排章，阮氏署名下钤有篆书阳文"阮印大铖"及"石巢"章各一，计成《自序》署名下钤有篆书阳文"计成之印"及"否道人"章各一，而无郑元勋题词；（三）北京图书馆收藏的胶卷，仅存卷一、卷二而缺卷三，藏版章及"扈冶堂"章各一，钤于书尾，阮序和郑元勋《题词》均为手迹；（四）东京帝国大学农学部林学科藏书，确系明版，毫无疑问。

另外，郑振铎先生所藏明崇祯原刊《园冶》残本，正文首行题书名"园冶"二字，第二行下题"松陵计成无否父著"，正文前有《自序》，序末钤有朱文章（阳文）"计成之印"，又有白文章（阴文）"否道人"。

据此，我们认为，东洋所藏第四种因不知其详，姑且按与其余相同论，（二）、（三）两种以有无郑元勋题词为明显区别；（一）、（三）两种又以藏版章、扈冶堂章所钤位置不同而区别；再加郑振铎先生所藏，正文首页署有"松陵计成无否父著"这一名号的版本，那么明崇祯年间至清初，《园冶》至少应刊刻过3次。一为阮刻而无郑元勋《题词》，一为郑刻而有《题词》，一为计成的儿辈所刻，署上"父"字的。

## 二、吴江及周边地区计姓寻踪

据典籍和现行人口统计，吴江计姓聚居地，一是同里镇，二是金家坝镇南厅村，三是盛泽镇茅塔村、郎中村。

在同里镇，我们重点对陈从周先生"曾冒风雪到计成老家吴江，访求遗闻、遗篇、遗迹等，终一点也得不到，因为计姓在当地并不是世家望族"（陈植《园冶注释》陈从周"跋"）。"计成童年在同里会川桥边生活过，据说曾有旧居五进三十五间，后一直由其后裔计重兰等居住。历百年风雨，终因年久失修而倾圮。1991年，老友陈从周先生去同里考察，曾提议在原址建造'计亭'，以示永久纪念。"（1999年印刷版罗哲文"总序"）这两段记述进行考证。

我们找到了据称是计成后代的计孝余先生。计先生现年78岁，与夫人顾女士居住在新填地一处旧房内。弄口钉有"计成故居"的旧木质铭牌。"新填地"原为镇中一荷塘，后因居民日增，于清乾隆、嘉庆之间填塘为地，架屋成街，故有此名。

据顾女士讲，现在所居住的房子是姑妈计仲华年轻时，以1000元从老中医顾文溪手中典来的。"文化大革命"中被没收，直到1980年左右落实政策时，才发回给他们居住。此屋为南向两小间正房，上面嵌以小楼，西有厢房平屋一间，与正房成曲尺形，包括小庭院，总面积大约100平方米。

计孝余的父亲名计志中，字剑华。计志中有妹妹计仲华，是慈禧时办的女子大学毕业生，嫁给浙江人周卓人，一直是家庭妇女，已故世。计志中长子计孝知，早年赴台湾；计孝余为次子，年轻时曾当航测兵，一直定居在同里；女儿计孝秋，现已从吴江税务部门退休。计志中生于1889年（清光绪十五年），年轻时曾在上海开书店，后来进商务印书馆工作，与叶圣陶同事，交往比较多。新中国成立后，叶到北京人民教育出版社工作，把计志中也介绍进去。叶圣陶曾对计志中讲过，"你是计成的后代"这样的话。

计孝余先生说："叶圣陶先生与父亲同事时说的话，是开开玩笑的。其实，我们自己也弄不清楚。关于上代的事，父亲曾告诉我们，大约在光绪年间，从湖南迁居到同里的。说同里是祖籍，其实既没有房产，也没有田产，是租人家房子住下来的。"他还说，"父亲还有兄长，叫计顺伯，是大房里（即长子）。我的族兄计宜初也已过世。大房里也没有房子。""计重兰的名字不熟悉，叔父的孙子辈有叫计重华、计重达等的，名字中有'重'字的肯定比我低一辈。"

关于会川桥头"五进三十五间"之说，计孝余夫妇说："那是没有的事。这是人家讲讲白相（即玩笑话）的。""五进三十五间是七开间阔的，同里哪有这么大的房子。"计孝秋女士则认为，"这种没影子的事，我们根本不知道。我们不要去编故事。"在电话中，她这样提醒嫂子。

从三位被指认为计成后代的计氏后人访谈中，我们可以确认：同里这宗计姓，是光绪年间从湖南搬迁来的，相距计成生活的年代要差290多年。"新填地"形成于乾隆、嘉庆之间，所谓同里"计成故居"一说纯属鱼鲁之误。

另外，我们从嘉庆《同里志》中查到：计朱培，字传一，号二如，浙江桐乡县学生，好学重交游，为名诸生，年五十卒，不遇。常仿《韩诗外传》体，著有《尚书外传》、《簑笠亭诗钞》。弟濂，字莱周，诸生，所著有《病飲草》。

根据光绪《盛湖志》记载，计朱培兄弟是计东（1625—1677）的孙子辈，他们搬到同里最早应在康熙中期（1685年前后）。计孝余先生说的"祖籍同里"，我们推断，他们这一支极有可能是从计朱培兄弟那里延续下来的。

金家坝镇南厅村有个小地名叫"计巷"的村庄，现在分布在吴江境内的计姓，不少是从那里出来的。

在计巷，村主任计荣根，村部守门人计宝发（79岁），党支部老书记计云福（72岁）和其兄计云高（76岁）向我们介绍说，祖上是从江阴挑换糖担到这里定居下来的。再后来，从湖南来的看鸭船上人到这里，当了计家的女婿，也随姓了计。

计云福指认了他们的旧屋宅基。从依稀可辨的残砖旧石上，可以确证这是江南普通的农舍，虽说是三开间五进，但开间极小，进深也很浅。据介绍，这些房子曾住下几十户。金家坝计巷的计姓历史上，他们引以为骄傲的是"六角庙会"。这是由4家计姓加上东阳、槐字2个村主办的庙会，每次都能把周围乡镇的人吸引过来，远至上海朱家角、金泽和浙江嘉善，都有人来凑热闹。

当问及家谱、祖坟时，计云福很干脆地说："两样东西这里都没有。江阴可能有祖坟，也有老亲，但从我小时候起就没有来往了。"

新编《江阴市志·人口》中，把"计"姓列入"1001—5000人"档，但所记述的各方面几千人中，无一计姓者。而光绪、民国两本《江阴县志》中，关于计姓的记载不见于科第、名宦、文人、孝贤、艺能、寓隐，甚至"节烈"、"贞女"中也无计氏，夫家也没有计姓的，只是在"职官表·县令"中有"宋淳祐五年（1245），计朋龟，朋亦作明"的记载。可见，计姓在江阴世代是普通劳动者，迁吴江这一支，正如计云福所说，都是没有文化的农民，种田、养鸭、换糖，以此为生。

盛泽镇茅塔村计家浜，明清之间出了计大章（1605—1677）和计东（1625—1676）二人颇有文名。特别是计东，在清道光（1821—1850）年间，被江苏巡抚陶澍列入苏州沧浪亭500名贤祠中，更是不一般。有人认为，计东与计成有血脉传承关系，甚至说"计成是计东的叔父"。将文化名人计东与造园大师计成之间挂上关系，确实能造成一些轰动效应，但根据又何在呢？

据史书记载和我们实地求证，茅塔村计东一支，自清顺治十八年（1661），计东在江南奏销案中被罢黜功名，心灰意冷浪迹江湖后，就迅速败落，族人和子孙纷纷四散逃离。现在那里的计姓，都不是他这一支的了，而是以后陆续从外地迁过来的。思维清晰的九旬老太沈三宝告诉我们，"上代人说，这家计家被抄了家，后人四散开去，再也没有回来。"当年曾是劳动模范的85岁老汉计金林说，这里的计姓没有"高成分"的，过去都是穷人。在郎中村，75岁的计祥兴说，他的祖上是帮盛泽沈家看坟堂的。郎中与茅塔很近，计东族人逃亡，决不会只逃出十来里路，可见这里的计姓与计东是根本没有关系的。

计东一族的基本情况是：叔祖计大章，浙江桐乡诸生，寄居盛泽茅塔。计东之父计名，字青辚，诸生，崇祯末结与复社，积学有识。时时以馆谷留江城（即松棱）。（参见同治、光绪《盛湖志·隐逸》和计东《蛰庵记》）

计东，字甫草，号改亭，顺治八年（1651）中乙榜，入贡太学，十四年举顺天乡试，御试第二，名动长安，三试春官不第。吴兆骞流徙出关，周恤其家，以爱女字其弱子有才。长子名准，早夭，计东为子筑"思子亭"。现在茅塔村还保存的经幢，估计即是亭中之物。次子计默，字希深，号蓁村，附贡生，濡染家学，诗文卓绝时流。默子元坊，字维严；从子朱培，字传一，即前述迁同里者。

他们这一族是嘉兴人，凡籍贯都说是"秀水"。光绪《盛湖志》中，陶葆廉在分析这种情况时说："余家世居秀水（即嘉兴）之王江泾镇。浙地而接苏壤，西北去吴江之盛泽镇才七里许。庚申之难泾成焦土……泾之士商同时避乱迁盛者，无虑数百家……前明《吴江县志》尚无盛泽镇，嘉靖以后居民渐众。自入有清，丝绸之利日扩，南北商贾咸萃焉，遂成巨镇。论者以其湫隘，訾为市井之区。顾文人硕士，未尝不挺生其间，踵背相望，与吾泾镇尤若唇齿相依。错居两镇间试于有司者，或家泾而贯吴江，或家盛而贯秀水。（原注：如万历中进士仲景享，副贡仲绍颜，天启初举人仲闻韶皆秀水籍。又名士计甫草嘉兴籍，卜孟硕秀水籍，此外尚多。)"陈毓升更有竹枝词："郎住吴江妾秀州，问郎只说住桥头。桥南桥北分乡县，桥下长水终合流。"

计大章、计东一族是从浙江移居盛泽的，而且时间较晚，计成是松陵镇人，他们不是同一族计姓。

新编《嘉善县志》云："计姓，祖籍常熟，明末（1644年间）流离到嘉善麟湖（今杨庙）一带。因乡间多惊，又迁城南。全县计姓1136人，杨庙148人，乡内有计家浜。"

据查证，嘉善"计家浜"的计姓来自绍兴，是放看鸭船到那里的。麟湖（杨庙镇政府后面）的"计家白场"的计姓自称来自常熟。《魏塘诗陈》中记载："计孺，字元孺，又字古民，常熟人，流寓嘉善之麟湖。""崇祯末，乡居多惊，乃挈妻子僦居城之南门。冷屋数椽，蔬圃寒蛩，自相吊也。""遭世难益岑寂不得志"，"年五十余竟以咯血死。子平倩为虞山巧人王叔元（即刻"核舟"者）婿，习妇翁余技，间以琢砚镂兕为活，而贫尤甚。""今里中计姓者，皆大参元勋族。访元孺支系不可考也。"新编《嘉善县志》所说的，应该是这一支计姓。

计元勋，字明葵，明万历三十四年丙午（1606）举人，三十五年丁未科进士。知龙溪县（今福建漳州）6年，有卓异。乞闲，授南京验封司主事，迁本司郎中，在留都10年不调。请急省其父，遂居忧。起为北京仪制司，移南京考功司，出为山东右布政使，分守济南。时为天启六年（1626）。明年，因反对建魏忠贤生祠而惹祸，逃回嘉善天凝庄"计家宅基"（今东方红村7组），建庙造庵，夫妇俩伴装出家以避追杀。计元勋崇祯十三年（1640）卒，享年86岁。

计元勋的韬晦策略，为自己赢得了生存空间。他在夏墓荡西滩为父亲建的"计家大坟"规模宏大，内有钓鱼台、放鹤亭等八景，坟后面有5亩多田，是给看坟人种的。他的子孙繁衍不断，6个孙子，名为善、能、敬、正、法、辨，都是能文善画，号称"嘉善六计"。至今，计家宅基上的后代讲起计元勋还满脸骄傲。从遗存的宅基规模和建材上判断，这族计姓应该是宋元间即生于斯，长于斯。他们与松陵的计成，没有什么必然的联系。

由此，我们推断，"松棱计无否"与以上诸"计"毫不相干。

# 三、计成与周永年比较

据旧方志记载，吴江的计氏还有二宗：一是万历十九年辛卯（1591）

举人计可献，字荩我；二是弘治十五年壬戌科（1502）进士，后为吏部尚书的周用，其父赘于盛川（即盛泽）计氏，用生长母家，中式后复姓为周，居烂溪之西。小地名曰"烂溪"，即现在平望镇的周家溪，所以乾隆《盛湖志》将周用记入"寓贤"。烂溪四通八达，乡间多警，周用为安全计搬往县城，遂由继娶姜氏操持在松陵轸角圩北塘巷建住宅，奉父母携姜氏所出三子迁居县城，此宗计姓的后人成了吴江周氏。

关于计可献，乾隆《吴江县志》的记述，仅此而已。乾隆《盛湖志》载，计可献住舍港（在今盛泽镇北，现称东舍港、西舍港）。按计成生于1582年推算，计可献不可能是计成。按计成自己所说，"少以绘名"，如果又是出自举人门第，则曰志"艺能"等中应对此计氏父子有所记述，可是一无所记。据此，可以推断，计成不可能是计可献的子一辈人。

历史学家柳诒徵的外甥、治学严谨的孙金振先生在新编《镇江市志·人物卷》中说，计成"以代豪门巨族建造园林为生，并结识了常熟钱谦益……等豪绅名士。"常熟的文博名家亦都熟知，钱谦益与计成相善。钱谦益《牧斋有学集》中，《书吴江周氏家谱后》说："余少壮取友于吴江，得周子安期及从弟季侯，皆珪璋特达君子，雄骏人也。"季侯即周宗建，是周用的曾孙，与钱同时中万历丙午（三十四年，1606）举人，是四十一年癸丑科进士，授武康（今属浙江德清）知县，又仁和（今属杭州），都有政绩，召入朝为御史。天启（1621—1627）初，锋芒直指宦党魏忠贤，被视为东厂"第一仇人"，天启六年六月十七日被迫害致死。子6人，长子廷祚，字长生。

《吴江周氏族谱》载，周永年，字安期，生于万历十年（1582）四月廿四日。卒于清顺治四年（1647）八月二十二日。综合多方面资料，我们认为，所谓"计成"很可能是周永年旅居外地时的笔名。

下面试将周永年的情况与计成作一比较：

| | 周永年 | 计成 |
| --- | --- | --- |
| 出生年月 | 万历十年（1582）四月二十四日。[1] | 崇祯甲戌岁，予年五十有三（1582年生） |
| 交游 | 永年字安期，宗建字季侯，与余俱壬午生，以书生定交……季侯殁，安期视余兄弟之好益亲。[2]<br>余少壮取友于吴江，得周子安期及从弟季侯，皆王圭璋特达君子，雄骏人也。[3] | 与钱谦益交善。（新编《镇江市志》） |
| 功名 | 安期畹晚不能取一第。[3]（伯兄）终获不遇。[1] | 无。 |
| 性格 | 伯兄生平藏蓄多祖父传，及其嗜古好文，恒市精玩。<br>牢骚之感半寄于篇章。<br>兄固温温长者，然强直刚毅是其本来。不为煦言逊色以逢人，不为依违浮泛以自处重……又深疾，夫波靡委徇之风。[1]<br>才兼数器，中怀孤调。或就肆而阅书，或危读而持钓，或抠衣而徐谈，或掷帽而大叫。伸纸奋笔，飒飒如春蚕之食叶；得意高吟，落落如梵猿之夜啸。[4]<br>诸公贵人，声迹击戛，争罗致安期。安期披襟升座，轩豁谈笑，不为町崖，亦无所附丽。邦郡大夫，虚左延伫，笺表撰述必以请。材官小胥，错迹道路，间值诸旗亭酒楼，捉败管舍寸幅，落笔声簇簇然，缘手付去，终不因是有所陈情。以是知其人乐易通脱，超然俊人胜流也。为诗文多不起草，宾朋唱酬，离席赠处，丝竹喧阗，骊驹促数，笔酣墨饱，倚待数千百言。旁人愕眙惊倒，安期亦都卢一笑。[2] | 性好搜奇。（《园冶·自序》）<br>自叹生人之时也，不遇时也。武侯三国之师，梁公女王之相，古之贤豪之时也，大不遇时也。何况草野疏遇。（《园冶·自识》）<br>无否人最质直，臆绝灵奇，侬气客习，对之而尽。所为诗画，甚如其人，宜乎元甫深嗜之。（《园冶·冶叙》） |
| 行迹 | 万历四十一年（1613）起，周宗建为官浙江武康（今德清），又仁和（今属杭州），天启元年（1621）进京为御史。周永年与之相随。<br>天启三年（1623），周宗建出按湖广，"按楚归省，劝（安期）就北雍"，未去。[1]<br>天启六年（1626），正在松陵家中守父孝的周宗建被东厂逮捕，又抄家。周永年送至苏州。<br>崇祯元年（1628），周廷祚（长生）北上告御状，为父宗建平反成功。周宗建易名建坊。<br>崇祯五年（1632）冬，周宗建下葬，赐兆。<br>崇祯八年（1635），周永年葬妻沈氏于吴县（今苏州）仰天窝藤青山。[1]<br>甲申、乙酉，世际更移，人罹流散。兄之慎心细胆又倍过人。风鹤易摇，独先携笈，惴惴怀危，未免神明内铄矣。□□城居，栖止庄舍，长夏赤日，局膝一椽，抱书弄墨，□□于常。（此后隐于吴县木渎支硎山）丁亥（清顺治四年，1647）八月二十二日卒，与夫人沈氏合葬。[1] | 早年游历燕、楚。（据《园冶·自序》）<br>天启三年为常州吴玄造环堵宫。<br>崇祯四年，为仪征汪士衡建寤园。<br>崇祯七年，为扬州郑元勋建影园。此后，不知去向。 |
| 子女 | 配沈氏宪副江村公（即明水利学家沈啓）孙女，无出。卒后，族人以周永年弟永肩次子大祥立为长兄后。[1]<br>生四女，皆适土人。[2] | 二儿长生、长吉（疑为周宗建之子廷祚、廷祉辈） |
| 著作 | 《虎邱志》、《邓尉圣恩寺志》、《中吴志余》、《吴郡艺文志》、《松陵别乘》、《词规》、《吴都法乘》、《松陵先哲咏》、《怀响斋集》，受钱谦益之托编《列朝诗集》未竟。 | 《园冶》 |

综观周永年与计成的方方面面，真犹如一个人的两个侧面。

周永年编纂的《邓尉圣恩寺志》中，有一段介绍寺周围环境的"本志"："山距吴城七十里，乡曰长山，逶迤十里，周围三十里有奇，高五百余丈，中峦隆起，东抵遮山，远列穿窦，西抵铜坑诸山，北抵虎山，左右冈陇，势若环抱。其岩岫联属，昂伏千态，石色皆缜润。其间邃阁层楼，各据幽胜。太湖萦带其前，法华山浮于波面。烟云明灭，顷刻变幻。日落则颒玉万顷，月明则素练千尺。飞帆往来，凫鸥起落，凭高远眺，心目开朗。若夫晓气凝合，雾霭横斜，重峦飞动，楼台隐约。时有天风，引吹白云，弥岩塞谷，拥护松桧，若琪花翠黛，掩映白雪，别具一种妙象。山雨欲来，暝云合沓，泉飞树杪，溜滴檐端。既而，郊原流润，山泽含辉，新水平墀，可坐而濯，阴晴夙莫，间倏忽异。状此则山之大观也。乃至曲径深蹊，草树茂密，幽庭古砌，花竹秀雅，触处成景，未易殚述。郡人固好游，大抵先其近者，而此以遐邃，故罕及焉。然名流逸士，探奇选胜者，亦累累无虚日云。"

把此段文字与《园冶》中"围墙隐约于萝间，架屋蜿蜒于木末。山楼凭远，纵目皆然；竹坞寻幽，醉心即是。轩楹高爽，窗户虚邻；纳千倾之汪洋，收四时之烂熳"，"夜雨芭蕉，似杂鲛人之泣泪；晓风杨柳，若翻蛮女之纤腰。移竹当窗，分梨为院；溶溶月色，瑟瑟风声；静扰一榻琴书，动涵半轮秋水，清气觉来几席，凡尘顿远襟怀"，"虚阁荫桐，清池涵月。洗出千家烟雨，移将四壁图书。素入镜中飞练，青来郭外环屏"，"悠悠烟水，淡淡云山，泛泛鱼舟，闲闲鸥鸟。漏层阴而藏阁，迎先月以登台"，"高原极望，远岫环屏，堂开淑气侵入，门引春流到泽"，"湖平无际之浮光，山媚可餐之秀色。寓目一行白鹭，醉颜几阵丹枫。眺远高台，搔首青天那可问；凭虚敞阁，举杯明月自相邀。冉冉天香，悠悠桂子。但觉篱残菊晚，应探岭暖梅先"等大量意境描述的对照，给人的感觉分明是出自一人之笔。

周氏家族从周用开始，善文工画，至今苏州文博部门还保存着周用的《行书诗卷》、《行书七律画松次韵卷》。其子周乾南、孙周祝辈均属书画俱能之文人。周永年"少有绘名"就不足为奇了。

据《吴江周氏族谱》记载，周永年父周祝早年失怙，伯父周兆南、式南（周宗建的祖父）把他视为己出。永年出生时，叔祖父周式南已先一年去世，"故生子已嫌其晚，抚爱殊笃。祖母薛孺人以是孙为歧凝，独邀钟爱，因修净业。""自童年至暮岁，于紫柏、云栖、天童、邓蔚诸弘法，屡得授记钳锤，纂《吴都法乘》，定径山祖位，堪为末法功臣。"周祝是紫柏大师的俗家弟子，把白居易的"外以儒行修其身，内以释教治其心，旁以山水风月歌诗琴酒乐其志"奉为经典。这就是《园冶》对佛事颇为精到，"无否"、"否道人"，以及"长生、长吉"等名号隐含佛理之原因所在。

周永年"固自负其才，人亦咸以远大相期，无奈阻于数奇……系是牢骚之感半寄于篇章。"[1]周永年与宗建同岁，永年长不到50天，他俩是堂兄弟中性情最为相投的，自小形影不离。万历二十九年（1601）四川富顺刘时俊来吴江当知县，兄弟俩"自是试必高等"。[1]因此，当周宗建在京城为官时，自然为他滞留燕地创造了条件。好友沈珣（松陵镇人）天启年间为山东左布政使，又为他游历齐鲁提供了方便。今淮安市古称楚州，周边古称楚或东楚，自江南溯运河北上，或从京城南返，是必经之地。从《园冶》的各种记载中，以及永年的《行略》中，我们确信作者没有去过湖广的楚地，那么，楚州就是"游燕及楚"的最好解释了。

周祝子永年（安期）、永言（安仁）、永肩（安石），三兄弟"奈女则长，男必殇"。周宗建有子6人，其中廷祚（长生）、廷祖、廷禧为原配申氏所出，住松陵；廷琪、廷祿为姜宋氏所出，住北京；廷禔为侧室俞氏所出。永年没有儿子，宗建一大堆儿子。周永年自然对其中两个年岁大的侄子宠爱有加，把他们当作自己的儿子，让他们跟随左右。周宗建遭难后，"家人子俱鸟兽散窜"，4个小儿子分别由各自的母亲携带逃亡。[5]廷祚、廷祖流离在外，宗建又无兄弟姊妹，永年就必然成了长生兄弟的保护伞。崇祯登基（1628），肃清魏忠贤阉党。周廷祚进京告御状为父亲复仇，拒万金之贿、"一第"之诱，使郭巩"拟辟"，其中岂能没有周永年的主意。

吴玄有一"率道人"印，为阳文章，左半为"道人"二字，右半为拉长的"率"字。而计成在《园冶》中仿照吴玄的章将"率"改为"否"，布、白完全相同，由此成了"否道人"。有专家推断，计成此前不称"否道人"，也不叫"计成"。[6]

综上所述，我们可以确信，所谓计成者是周永年在造"寤园"、"影园"，写《园冶》时的化名。

## 四、对周永年(计成)的再认识

周永年自小生长在松陵，松陵的两个园林对他极有影响。其一是顾大典万历二十年（1592）从福建学政归来后，修葺的傍宅园"谐赏园"，其二是好友沈珣的宅园"柳塘别业"。

顾大典是他年长的表兄，自小失怙持，寄养外婆周家。园在城西北隅，"前临渠，后负廓"，园广5亩，内有"云萝馆"、"清音阁"、"玉华仙馆"、"松石山房"、"美蕉轩"、"载欣堂"、"静寄轩"、"净因庵"、"锦云峰"、"栖云洞"、"翠微亭"、"武陵一曲"、"枕流亭"、"宜沽野店"、"烟霞泉石亭"、"山神祠"16景，顾大典自为记。顾氏父子两代在外为官，搜罗了许多各地的珍奇装饰物，园中"惟木石为最古"，木化石在当时实为罕见。长洲（今属苏州）王穉登（百谷）有《谐赏园赋》赞曰：园"非徒取游观之适而已。清池环匝，林木蔽荟，高台曲房，修梁广榭，悠然靓深，有丘壑之致。游者不知其在粉堞间，既协康乐兹城之咏，爰述辟疆山水之趣"。园与周宅仅一弄之隔，可以肯定，周永年自小与弟兄们在园中游乐，胜景给他留下深刻的印象，为日后造"吴园"、"影园"打下良好的基础。

"柳塘别业"在松陵镇盛家库，明弘治、正德年间为处士盛灿所有，崇祯中为都御使沈珣的府第。园中有"绮云斋"、"翠娱堂"、"藤花阁"、梅园、荷池、假山诸胜。当时有评论：灿别业"秀而野"，珣第"秀而丽"。沈珣回归松陵后，与周永年相从觞咏其间。

钱谦益说，周永年、周宗建（季侯）兄弟俩"与余俱壬午（万历十年，1852）生，以书生定交。余与季侯同举万历丙午（1606），相继中甲科"³。如此说来，周永年与钱的熟识，最晚应该在丙午乡试时，甚或更早。曹元甫（曾任河南提学佥事）丙午领乡荐，春官不第。周永年与之相熟，应该是因周宗建的关系，或是乡试场中相识。经过曹的介绍，周永年认识了阮大铖，但他交游的原则是，"位已显而宦方热者，不与焉"，²所以与阮大铖的关系若即若离。崇祯七年（1634），阮写了《早春怀计无否张损之》诗："东风善群物，侯至理无违。草木竞故荣，鸿雁怀长飞。二子岁寒俦，睇笑屡因依。殊察天运乖，靡疑吾道非。凿冰弄还楫，春皋誓来归。兹晨当首途，遥遥念容辉。园鸟音初开，篱山青且微。山烟日以和，及时应采薇。古人无复延，古意谁能希。"从诗中可以看出，阮大铖知道计无否对他的为人处世有所怀疑。看来，此前计成就已经没有与他来往了，阮大铖以后的文字中也再没有提到过计成。因此，尽管阮大铖在《冶叙》中信誓旦旦要请计成造园，但到崇祯十一年（1638）在南京造"石巢园"时，只好找造园成就远远不如计成的77岁老翁张昆岗主其事了。

计成到常州为吴玄造园，并不如他在"自序"中所说，仅仅是发表了"胡不假真山形，而假迎勾芒者之拳磊乎"的高见，随手垒了座逼真的假山而出了名，才有"公闻而招之"的，真正的原因应该是经湖广巡抚周宗建向江西布政司参政吴玄推荐的结果。有了"吴园"的好评，才有仪征汪士衡"寤园"、扬州郑元勋"影园"的杰作。崇祯辛未（四年，1631），在营造"寤园"的间隙，他完成了流芳百世的名著《园冶》。崇祯八年（1635）影园造好后，计成的原配沈氏重病，他便返回故乡，又以周永年的面目出现在世人面前料理家事，营葬夫人。镇、扬、宁等地再也见不到计成的踪迹，好像从人间蒸发了一样。而松陵只知道周永年其人，不知道他在外地的化名"计成"，自然典籍中就找不到有关计氏的记载。

周宗建遇难，周氏一蹶不振，宗建的妻妾"以女红为职，虽馕粥不继，不之悔也。"[5]如果说，造"环堵宫"时，在很大程度上周永年是出于爱好，那么造"寤园"、"影园"，则完全是他谋生的手段。"臆绝灵奇"聪明绝顶的周永年深知，出身名门望族，靠造园手艺为生是不光彩的事，所以他必须改头换面，隐姓埋名，以至在他的《行略》、《墓志铭》中都对此讳莫如深。钱谦益营造"拂水园"，没有请他帮忙，而请了张涟主持，分明是对挚友的真情掩护。

关于这一方面，我们还可以从周永言、周永肩的《先伯兄安期行略》和钱谦益《周安期墓志铭》中找到佐证。周氏兄弟说："于兄为竹林之游，不啻铜盘具食，宁与诸阮等视。"这分明是说，周永年一直过着"涉身丘壑"游历山水的隐居生活，但钱《志》完全回避他这种爱好，只是一味地讲他的文采如何轰动。显然，他们各有难言的苦衷，才出现口径的不统一。《行略》中说，"忠毅兄按楚归省劝就北雍，终不获遇。"事实上，周宗建归省是因为父亲辑符病重，紧接着辑符去世，直到天启六年（1626）他被东厂逮捕时，还在丧服中，连北京的小妾宋氏也在松陵。这个情况可以从周永年写的《壬申秘记》中了解到。这是写周宗建被迫害致死后，棺木由松陵镇卖糕的沈义运回，开棺重新入殓的经过。其中讲到，周宗建入狱后，"子在涂不及知，仆在都不敢往。"可见，当时北京家中除了仆人，主人一个也不在，况且伯父重病在身，兄弟俩感情又如此之好，于情于理周永年根本就不可能离开宗建，独自去北京应试，也就无所谓"终获不遇"了。《行略》故意这样说，显然是为了回避某些有失周永年身份的事情。但这倒也说明，周永年一生未曾为官，恰好与计成的情况相符合。

周永年为什么化名计成，这大抵与近代周树人，以母姓"鲁"为笔名的情况相类似，"计"本是他高祖母的姓，以此为姓也很顺当。另外，取名计成，其中可能还有"此计成也"的含义。

由此，联想到"扈冶堂"的堂名，许多专家不懈求证终不知在何处，于是多数人说是"寤园"中一景，而各种咏寤园的诗中从未提起过此景。《自序》的落款是"否道人暇于扈冶堂中题"，如果是在汪家完成此序，按惯例要注明"寓××"的，未注就说明不在汪家。再说，如果是汪家的堂名，用了"扈冶堂图书记"这一印章，《园冶》岂不成了汪家的出版物。显然，此堂既非汪家也不在寤园中。有人说是计成家中的堂名。他虽说"中年择居润州"但毕竟是一个暂栖之人，"惟闻时事纷纷，隐心皆然，愧无买山力，甘为桃源溪口人"，"暇著斯'冶'，欲示二儿长生、长吉，但觅梨栗而已"，足见其窘迫之状，除了在松陵的住宅，外地哪有厅、堂、书斋，又何来"堂名"、"斋名"。从曹元甫将《园牧》改名《园冶》，在计成的《自序》中出现"扈冶堂"，再据"扈"的本义是"随从"，我们推断，这是计成灵机一动中起的堂名，其实并不真正存在。古谚：人行千里不改家中堂名。计成毫不例外，也应该遵循这个古训。如果此堂真的存在，那么最有可能的是计成老家松陵的堂名。

"甲申（清顺治元年，1644）、乙酉，世际更移，人罹流散。兄之慎心细胆，又倍过人。风鹤易摇，独先携笈，惴惴怀危，未免神明内铄矣。□□城居，栖止庄舍，长夏赤日，局膝一椽，抱书弄墨，□□于常。"[1]他隐居在吴县木渎支硎之麓。逝后，两个弟弟赶到，"周视左右，室中如扫……欲殓以生时之服，则报云，无。欲问其随身之装，则报云，无。"[1]一代巨匠就这样在窘迫中撒手归去，钱谦益竟欲为好友筹措棺木，终是被他两个弟弟婉言谢绝了。

乾隆《震泽县志》载："石刻'蟠松'二大篆字，方可三尺，乃宋蔡襄所书，旧为赵宦光[7]家藏。本《寒山金石林》。后归周永年。今在县治南费氏。按费所居即永年故宅。"费氏宅历经几百年，至今还在，位于松陵镇辉德湾，从所用的墙砖、屋架和石础看出，乃明代物。我们确信，这才是真正的"计成故居"。

（沈春荣、沈昌华写于2002年）

**注释：**

1.周永言、周永肩：《先伯兄安期行略》，见苏州博物馆藏书《周氏族谱》。

2.钱谦益：《周安期墓志铭》，见《牧斋有学集》卷三十一，上海古籍出版社，1996。

3.钱谦益：《书吴江周氏家谱后》，见《牧斋有学集》卷四十九，上海古籍出版社，1996。

4.钱谦益：《周安期像赞》，见《牧斋有学集》卷四十二，上海古籍出版社，1996。

5.周廷祚为宋、韩二孺人写的寿文。

6.曹汛：《计成研究》，见《建筑师》第13期，中国建筑工业出版社，1982；喻维国：重读《园冶》随笔，见《建筑师》第13期，中国建筑工业出版社，1982。

7.赵宦光，字凡夫，吴县人，读书稽古，精于篆书。

# 常州吴玄宅园考

计成从事造园事业的开山之作为"晋陵方伯吴又予公"的傍宅园。在《园冶·自序》中，他有这样的记述：

适晋陵方伯吴又予公闻而招之。公得基于城东，乃元朝温相故园，仅十五亩。公示予曰："斯十亩为宅，余五亩，可效司马温公'独乐'制。"予观其基形最高，而穷其源最深，乔木参天，虬枝拂地。予曰："此制不第宜掇石而高，且宜搜土而下，令乔木参差山腰，蟠根嵌石，宛若画意；依水而上，构亭台错落池面，篆壑飞廊，想出意外。"落成，公喜曰："从进而出计步仅四百，自得谓江南之胜，惟吾独收矣。"时，汪士衡中翰延予銮江西筑。似为合志，与又予公所构，并骋南北江焉。

计成对于自己的开山之作是非常得意的。特别是受到园主人吴又予（即吴玄）的赞誉，更使他喜不自禁，在《自序》中，他用了将近一半的文字记述此园，足见其当时的心情。

## 一、独乐名园"环堵宫"

吴玄得地十五亩，十亩建宅，留五亩建园。因此这个园分明是个傍宅园。

计成在《园冶·傍宅地》中有这样一段话："轻身尚寄玄黄，具眼胡分青白。固作千年事，宁知百岁人，足矣乐闲，悠然护宅。"

这段话与吴玄《率道人素草》中的一段文字，"世上几盘棋，天玄地黄，看纵横于局外；时下一杯酒，风清月白，落谈笑于樽前"，"白眼为看他"，以及吴玄的闲章"青山不负我，白眼为看他"，有密切的联系。专家们都认为，计成的话是用来规劝吴玄的，并由此断言，计成的《傍宅地》一节是对建造吴玄宅园经验的总结。

对照《园冶》"自序"和"傍宅地"，我们可以知道，吴玄的宅园与住宅紧贴，园与宅有一径可通。园中修竹茂林，柳暗花明，有一土包石的假山，不甚高大，正如计成所说"家山何必求深"。此山是搜土而下时，将挖出的泥土堆在高阜处而成的。

因为园基是元朝温相旧园，多有古木繁花。这些古老的树木，在山腰错落参差，蟠根嵌石。水池边筑有碉户，山上亭台错落，环堵曲奥，篆廊蜿蜒。厅堂高爽，梅兰傲雪，邻虽近俗，门掩无哗。园外常州城叠雉遥飞，文笔塔高耸云霄。去职后的吴玄，在此园内偕小玉，赏四时不谢之花，宴家眷会宾朋，诗会雅聚。看云看石看剑看花，看韶光色色；听雨听泉听琴听鸟，听清籁声声。自称独乐名园"环堵宫"，"自得谓江南之胜，唯吾独收矣"。这便是吴玄宅园"环堵宫"的大概了。一个下野的官员将自己的宅园称作"环堵宫"，也足见其当时心情、人品的大概了。

不少专家称吴玄宅园为"东第园"，其实是不正确的。吴玄自己起的园名，在他的著作中赫然写着："独乐名园环堵宫"，并为此题了一匾"东第环堵"。

## 二、"环堵宫"在哪里？

许多专家都认为，吴玄宅园建造时间当在明天启三年（1623）前后，即计成中年"择居润州（今镇江）"后不久，距今380年了。历经沧桑巨变，特别是战争的破坏和旧城改造，宅园早已不复存在。园址在何处？这是我们计成研究中必须要解决的一个问题。

园主人吴玄是吴中行的第三个儿子。吴中行在《明史》中有传，在光绪《武进阳湖合志》中亦有传。吴中行的三个儿子为吴奕、吴亮、吴玄。吴玄（清时避讳康熙皇帝名玄烨写作吴元），生于嘉靖四十四年（1565），字又予，直隶宜兴民籍，乡贯直隶武进，明万历二十六年戊戌科（1598）三甲151名进士，自疏改授湖州府学教授，曾任江西布政司参政，所著有《率道人素草》、《吾徵录》，墓在延政乡徐湖桥。

吴玄是反东林党的，并不像康熙《常州府志》中说的"性刚介，时党局纷纭，元（玄）卓立不倚"。去职后，他编的《吾徵录》中，专门汇集了攻讦东林党的文字。这一点与其兄吴亮不同，亮为东林党人。常州志书中，对吴亮的记述甚详，甚至其子其孙均写得一清二楚。而吴玄，除康熙《常州府志》有传外，其他志书只是在其父及长兄吴奕的传中略作附记，其所建宅园在何处，更是毫无记录。

因为典籍中无记载，所以常州研究地方史料及园林方面的专家，对吴玄的宅园在何处都无法说清楚。

我们对明清时期常州城区的地图进行了仔细分析，对常州城东地域进行了实地踏勘，走访城东门左近的单位、民居和长者。我们断定"得基于城东"是在城内东门附近。东门与东水关相邻，进出东门的路名"东直街"（即今延陵路），贴城的外面即是建于唐代的天宁寺（前称广福寺），规模宏大。如果"得基"于东门外，必定在天宁寺之东。按正常写法，计成便不会写作"城东"，而要写成"东门广福寺（天宁寺）之东"了。

东门城内贴城墙为"东狮子巷"，往西依次是清代"游击将军府"、"西狮子巷"，之南为"丰乐坊"、"窝叶坊"，再南为"东直街"和"后河"。东门内，沿东直街往西左手跨后河上，第一座桥为"水华桥"，第二座"市熟桥"，第三座"显子桥"。东狮子巷现今已被常州市第二十四中学圈入校内，西狮子巷犹存，为破落简陋的民居群。在西狮子巷南口有一大宅甚旧，主人说是"百年古屋"。再南即是贴后河新建的延陵西路和延陵东路。

常州二十四中退休老校长杨汉仁先生、原住东水关的老画家吴敬宇先生向我们介绍，在今"洪亮吉纪念馆"南面，是吴先生的家宅和祖上所经营的米厂（20世纪30年代）。当时，在米厂的囤粮处有一明显的高墩，米厂院内荒地甚多，种植瓜菜时曾在高墩上垦出诸多碎砖破瓦和大石块。吴的邻居史姓老人曾告诉过吴先生，那里原来是一个大户人家，有许多房子，到太平天国时房子倒了，花园也就没了。据吴、杨二先生指证，这个地方目前是常州天元宾馆及其停车场，面积大约有十五六亩。

据此，可以认为那就是当年吴玄的宅园所在地。它东邻东狮子巷和窝叶坊，西为西狮子巷和丰乐坊，北至今常州二十四中、"洪亮吉纪念馆"，有可能现在西狮子巷南口上的那座破旧大宅，也属此范围之内。这与吴玄在《率道人素草》中写的《上梁祝文》的祝词内容："显子桥头坡老翁，狮子巷口元丞相"是吻合的。

## 三、旧园主温相是谁？

吴玄得基于城东，乃"元朝温相旧园"。"温相"是谁？陈植等先生在注释时，认定是集庆军节度使温国罕达，典籍中说是温迪罕达，而非温国罕达。据我们查证，此温公是金国人。《金史》云，温迪罕达，明昌五年（1194）进士，本名谋古鲁，盖州按春猛安人，集庆军节度使，因错奏失察发病卒。而据《元史》，至元十一年（1271）忽必烈定国号为元，十九年灭南宋，显然温迪罕达不是"元相"。《元史》所列"宰相年表"中，第一字为"温"惟有"参知政事温迪罕"，也只有他才符合"元温相"这一称呼。其任职年份为至元二十到二十一年（1283—1284）。温迪罕是姓，其全名是"温迪罕秃鲁花"。

吴玄所得的旧园基左近，现常州二十四中范围内，开挖地基时曾获得一些蒙古族饰物小泥佛、瓷器等，足证此地曾有元代蒙古族人居住过。这与计成所说的"元朝温相旧园"也是吻合的。

由于陈植先生在《园冶注释》中不经意的错误，使此后许多专家在沿用中将错而错。包括张家骥的《园冶全释》中也写"元温相"注释为，"元代温国罕达，蒙古族，曾任集庆军节度使"。虽然这个错误无关大局，但作为严谨的治学态度还是应该予以纠正为：元温相，为温迪罕秃鲁花，至元二十年到二十一年（1283—1284）为参知政事，列入《元史·宰相年表》。

吴玄所得之旧园即是此"温相"所拥有的。

# 四、计成与吴玄

从计成的《园冶·自序》中，我们仅能知道，他在镇江一次偶然的机会，假真山之形，"遂偶为成壁，睹观者俱称，俨然佳山也，遂播闻于远近。适晋陵方伯吴又予公闻而招之"。也就是说，吴玄是因为计成偶然掇成的壁山，俨然佳山，而请他去建造所得到的十五亩大的傍宅园的。

按常理，十五亩之地又宅又园这样的大工程，让一个偶然掇了一个"壁山"的人去承担，好像有些不合情理。这就产生了一个疑问，下野三品大员吴玄，原来认识计成吗？对计成的造园技能有没有确切的了解？我们推测，吴玄应该早就认识计成，对他的造园能力是十分认可的，否则老于官场、年六十的吴玄行事绝不会如此贸然。

计成为吴玄造园，两人的关系是甚为密切的。这有以下两点可以作证。

一是吴玄肯定把自己所纂的《率道人素草》文稿给计成看过。否则，如果计成没有看到这些文稿，其《园冶·傍宅地》中，怎么会出现"轻身尚寄玄黄，具眼胡分青白，固作千年事，宁知百岁人"这些规劝吴玄的话呢？事实上，计成在为吴玄造园时，《率道人素草》尚未刊刻。此书中，吴玄收录了包含天启三年（1623）在祠、园完工时的上梁祝文，以及对园景描述的联文，如"维硕之宽且苴，半亩亦堪环堵，是谷也窈而曲，一卷即是深山"等。在明代那样的封建社会等级森严、党派纷争之时，吴玄将未刊的书稿给一个为他造园的匠师看，社会低微的匠师可以直言规劝园主，不正说明吴玄与计成之间的关系非常亲密吗？

其二，吴玄在《率道人素草·自叙》之末，所钤的阳文"率道人"章，"道人"二字占左半，"率"字拉长占右半。而崇祯时出版的《园冶·自序》末，计成所钤的阳文"否道人"章，结构布局全照吴玄的，只是将"率"改为"否"而已。这分明是计成学吴玄的样子而设计的。假如计成与吴玄的关系平常，他会这样做吗？

据此，有专家推断，计成可能从中年以后才开始使用"否道人"的别号。也有人认为，是在帮吴玄造好园以后才用的。

从《园冶》全书最后那段"自识"中，我们知道，计成"自叹人生之时也，不遇时也"，还以诸葛亮、狄仁杰这样的古之贤豪，"大不遇时也，何况草野疏遇"进行对比，可知其心期甚高，有怀才而不遇之叹。我们甚至可以进一步说，从事掇山造园绝非计氏的本意，只是不得已而为之罢了。

吴玄家的傍宅园竣工于天启三年至四年间（1623—1624）。此后至崇祯四年（1631），计成为仪征汪士衡"銮江西筑"造"寤园"，其间有七八年时间，计成的行踪怎样？按《园冶·自识》说"别有小筑，片山斗室，予胸中所蕴奇，亦觉抒发略尽，益复自喜"。造十五亩的"环堵"宅园仅花年余时间，为郑元勋建"影园"仅用"八阅月"，不到一年。七八年中，深受吴玄夸奖，建造了称名江南的园林后，很难设想只搞了一点"片山斗室"，也许他还干了其他什么事，至今我们却无法知道。

常州吴玄没有像扬州郑元勋那样写了《影园自记》，使后人对"环堵宫"内详细的景点格局无从知道。现在通过考据，我们弄清了宅园的地点、建成时间、园中的大略，以及园主与建园主持人计成之间有微妙关系。这应该是一种收获。

吴玄的"环堵园"是计成的处女作，对他此后从画士文人转向造园大师，是起着决定性作用的。

**（沈春荣　沈昌华）**

参考资料：

1.于琨，《陈玉璂》：康熙《常州府志》，见《中国地方志集成·江苏府县志辑》，江苏古籍出版社，1991。

　　2.黄冕等修：光绪《武进阳湖合志》，见《中国地方志集成·江苏府县志辑》，江苏古籍出版社，1991。

　　3.曹汛：计成研究，见《建筑师》第 13 期，中国建筑工业出版社，1982。

　　4.《常州城厢市坊字号全图》，见黄冕等修：光绪《武进阳湖合志》。

　　5.陈植《园冶注释》，中国建筑工业出版社，1988。

　　6.张廷玉等：《明史》，中华书局，1974。

　　7.宋濂：《元史》，中华书局，1976。

　　8.脱脱：《金史》，中华书局，1975。

　　9.喻维国：《重读〈园冶〉随笔》，见《建筑师》第 13 期，中国建筑工业出版社，1982。

# 仪征寤园考

寤园是计成建造的三大名园之一。寤园在仪征。《园冶·冶叙》中，阮大铖对此园推崇备至："乐其取佳丘壑，置诸篱落许；北垞南垓，可无易地。将嗤彼云装烟驾者汗漫耳！"

## 一、寤园、荣园、西园及园主人

寤园的建造，计成在《园冶·自序》中说："时汪士衡中翰延予銮江西筑，似为合志，与又于公所构，并骋南北江焉。"关于"銮江西筑"、"汪士衡中翰"，诸多研究计成的专家说了许多故事。

陈植先生在《园冶注释·补志》中说：康熙五十七年（1718）《仪征县志》十六卷《园林·荣园》云："在新济桥西。崇祯间，汪氏筑。取渊明'欣欣向荣'之句以名，构置天然，为江北绝胜。往来巨公大僚，多宴会于此。县令姜埰不胜周旋，恚曰，'我且为汪家守门吏矣。'汪惧而毁焉。"云云。则所谓"荣园筑于明末崇祯年间"以及"姜埰为仪征县令时间在崇祯五至十年间（1632—1637）"，乃据汪士衡的"寤园"而言，以"寤"、"荣"两字音相近似，遂使后人传讹而将"寤园"误作"荣园"。

陈植先生的论述归纳起来有四点："寤"、"荣"两字音近，"寤园"即"荣园"，主人是"汪士衡中翰"，地点在"新济桥西"。

杨超伯先生在《园冶注释·校勘记》中，引证道光《重修仪征县志》说，荣园毁后"一石尚存，嵚崟玲珑，人号'小四明'云"。"西园，胡志云，在新济桥，中书汪机置，园内高岩曲水，极亭台之胜，名公题咏甚多。""汪机虽雄于赀而绌于势，以县令一怒而生惧心，不惜毁胜以求全。"他还说，"只是园名在《阮序》称'寤园'，在《县志》为'荣园'、'西园'。是否始称寤园，嗣改荣园，尚待续考。"

按杨超伯先生所说："荣园"在新济桥西，就是"西园"。被毁后，存有一石名为"小四明"。园主为汪机。只是阮大铖在为《园冶》作序时，将园名改称作"寤园"。

归纳陈植、杨伯超两位先生的叙述，使读者产生三个疑问：一是寤园、荣园、西园是否就是一个园，二是寤园究竟在什么地方，三是寤园的主人到底是谁。

据我们所知，"寤园"之名除阮大铖在《园冶·冶叙》中提到外，《园冶》、寤园作者计成的《园冶·廊》中就有"斯寤园之篆云也"之句。此外，阮大铖在《咏怀堂诗》中也不止一次提到"寤园"。可见"寤园"之名是不会有错的。说"寤"、"荣"两字音近，而产生混淆是站不住脚的。普通话"寤"读wù，"荣"读róng，根本不相近，这两字即使仪征土话的读音也大相径庭。

至于荣园，正如陈植先生所说，仪征的旧志书上说得十分清楚，位于新济桥西，由汪氏筑于崇祯年间。因为知县姜埰对不断接待巨公大僚发了怒，手中只有钱而无权的汪氏"惧而毁"。可见，荣园的存在时间极短。而寤园主人汪士衡是堂堂的"中翰"（即中书舍人），即使是捐来的，也是很有地位的，所结交的人中不乏达官贵人，对一个外来的知县何惧之有，毁园之事很难出现。

西园，道光《重修仪征县志》中记载，胡志云，在新济桥，中书汪机置。胡志是指康熙七年（1668）刊刻，由知县胡崇伦主修的《仪征县志》。道光《志》中还说，汪机是"崇祯十二年（1639），奉例助饷授文华殿中书"的。而我们知道，早在崇祯辛未（即四年，1631）计成写《园冶·自序》时，寤园已经存在，且明确交代园主"汪士衡中翰"。显然，西园也不可能是寤园。

陈植先生在《园冶注释·补志》中还提到，"《仪征县志》某志（以卡片未识时代、人名）云：'汪士楚系康熙进士，购汪氏旧园以为园，园名荣园。'"据此他推测，荣园是在废寤园的基础上建起来的。他还对杨伯超等先生认为"西园即寤园"的说法表示赞同。

这里需要说明两点：一是据道光《重修仪征县志》收录的旧志序可以看出，所谓"胡志"是知县胡崇伦，在姜埰崇祯十二年（1639）修而未刊印的志稿基础上，增修而成的。序中特别注明，隆庆二年（1568）至崇祯十二年（1639）事都据姜氏所记，十三年后方为胡氏所增。康熙五十七年（1718），知县陆师所修的志书称"陆志"。二是据《明清进士题名碑录索引》，汪士楚是康熙二十一年（1682）壬戌科三甲66名进士。"陆志"纂修时汪士楚还应该在世，对他的情况可以说了如指掌，所称荣园筑于崇祯年间是完全可信的，与汪士楚毫无关系。如果汪士楚也筑过名"荣园"的园林，那应该是三十多年以后的另外一个园了。

此外，综合《明史》卷258、新编《苏州市志》卷11和道光《重修仪征县志》有关姜垛的记载：姜垛（1607—1673）字如农，山东莱阳人，崇祯四年辛未科（1631）三甲153名进士。授密云知县，调任仪征当在四年至五年间。八年，治河大臣坚持开毫无用途的新城运河，姜因此受到牵连，直到十三年才经考绩调礼部主事，十五年升礼科给事中。在朝中，因为数次奏折忤逆了旨意，受到廷杖一百、下狱的处分。崇祯末年获释，发配宣州卫。福王在南京登基，才官复原职，又因父丧未赴任。明亡后，隐居苏州原文震孟"艺圃"，更名"颐圃"，又称"敬亭山房"，请归庄复书"城市山林"额，着僧服，不问世事30年。姜垛在仪征任上的时间，应该是崇祯四年至十三年（1631—1640），前后约10年。寤园建于崇祯四年之前，到阮大铖为《园冶》作序的七年时还十分兴盛。可见，姜垛发怒后所毁的园，绝不是寤园。

我们认为，出现把寤、荣、西三园混为一谈的根本原因是，三园都位于仪征县城（旧称銮江）之西，且园主都姓汪。

荣、西、寤三园的具体位置。据道光《重修仪征县志》记载，荣园毁后留存两石，一为"小四明"，一为"美人石"。清乾隆年间，阮元（仪征人，字伯元，号芸台，乾隆五十四年（1789）己酉科三甲3名进士，官至体仁阁大学士）将"美人石"改称"湘灵峰"，题字石上。

同治《续纂扬州府志》卷5"古迹"更有一段较为详细的记载：湘灵峰（见前志）一名美人石，与小四明石同为明季汪氏荣园中物。小四明石久失。此石阅今三百余年，岿然独存，向埋匿于榛莽中。嘉庆间，邑人芟剔出之，俾灌园人守护。仪征相国阮元易以今名，镌刻其上。知府伊秉绥题名石侧。知县屠倬绘图征诗，一时题咏甚众。迄今出西廓门，过新济桥，遥望在目，令人增韩陵之慕焉。（原注：《仪征县续志》新增屠倬诗曰：真州城西三丈石，烟鬟净沐江天涛。沙头寒月为谁白，清夜佩声闻汉皋。）

我们到实地考察，新济桥（当地称新桥）已毁，桥址位于仪征城西新建自来水厂西南方百米。桥所跨的新河也因往西2公里处，开凿了宽阔的胥浦河而湮塞。据见过新济断桥的82岁老翁说，新济桥是3孔石桥，断桥处用木板架搁供人通行。现在桥遗址处还留存有一些零星石构件。乡人都知道"美人石"，还知道阮元将美人石改为湘灵峰的故事。

经指点，我们沿河西岸北上约2公里，有一自然村落名"方庄"，72岁的张财有热情地指着杂草灌木丛生的荒土堆说："30多年前，'美人石'就躺卧在这里，石头上刻有字。后来，被人击碎后当作道砟卖了，剩下打不散的，被填到新建的屋基下了。这块石头的头和尾都断掉了，躺在地上比水牛大得多哩。"据此，我们完全可以断定，方庄就是明末"荣园"的所在地。

热心的82岁老人还遥指桥东南沿河一里许，明显隆起的土丘说："那里叫汪家花园。"对照仪征旧志地图，土丘原邻近长江边，目前杂树葱茏，四周及河边多有杂石古砖瓦。据此，土丘处应该是西园所在具体位置。这与《胡志·艺文志》所录李坫《游江上汪园诗》："秋空清似洗，江上数峰蓝。湛阁临流敞，灵岩傍水寒。时花添胜景，良友纵高谈。何必携壶榼，穷奇意已酣"所描写的意境很是接近。

至于寤园到底在什么地方，计成只给后人留下抽象的"銮江西筑"四个字。专家们苦苦探索不得而知，看来一时是很难找到答案的。或即寤园破落后，汪机接手建了西园。这种可能也是有的，但也不能因此而说西园即寤园，毕竟主人是不同的两个人。

如前述，寤园主人是中书舍人汪士衡。西园主人是直到崇祯十二年（1639）才助饷捐得文华殿中书的汪机。荣园主人无从查考。杨超伯先生在《园冶注释·校勘记》中说："古人名号意义，多有联系，晋·陆机字士衡，疑汪机亦以士衡为号，殆纳赀报捐中书者。"我们认为，这种推测十分牵强。纵然康熙七年（1668）胡崇伦刊刻《仪征县志》时，可以称汪机为中书，但在汪机捐得中书前8年，汪士衡已是中书，可见两人绝不是一人。倒是道光《重修仪征县志》卷27"应例"中，记有"崇祯八年，汪镰，中书加大理寺副以助饷加四品服"一句。因此，如果说汪镰是汪士衡倒还说得过去，至少他在崇祯八年（1635）前已是中书。当然，这也只是一种推测而已，不作为凭。

## 二、寤园中的景观

计成《园冶·自序》中，自称与常州吴玄的傍宅园"环堵宫""并骋南北江焉"的"銮江西筑"寤园，究竟是怎样一个园林呢？阮大铖在《园冶·冶叙》中描述为："偶问一艇于寤园柳淀间……乐其取佳丘壑，置诸篱落许，北垞南垓。"

这园有"柳淀"，"佳丘壑，置诸篱落许"，且具"北垞南垓"，既有土堆成的山丘，又有主人奉亲读书的馆舍，使见多识广的阮大铖"夷然乐之"，甚至也想仿照着建一宅园，以"读书鼓琴其中"。

寤园在计成自己笔下，则只写了他别出心裁的"篆云廊"，在《园冶·廊》中有这样的叙述：今予所构曲廊，之字曲者，随形而弯，依势而曲，或蟠山腰，或穷水际，通花渡壑，蜿蜒无尽，斯寤园之"篆云"也。

在阮大铖的《咏怀堂诗集》中，对寤园的吟唱是很多的，现择几首的题目列于下：《杪秋同李烟客、周公穆、刘尔敬、张损之、叶孺韬、刘慧玉、宗白集汪中秘士衡寤园》、《宴汪中翰士衡园亭》、《罗绣铭、张元秋从采石泛舟真州相访遂集寤园小酌》、《客真州喜杜退思至即招集汪氏江亭》、《同吴仲立、张损之、周公穆集汪士衡湛阁》。

从这些题目，我们不难看出，阮大铖将汪士衡的寤园作为集会宴酌之所。他们或集"江亭"，或登"湛阁"，直至汪士衡死后的崇祯九年（1636），阮大铖还去寤园，坐在那里思念故人汪士衡，写了题为《坐湛阁感忆汪士衡中翰》的诗。由此，我们便知寤园中有"江亭"和"湛阁"两个建筑物，有掇得很好的山丘和池壑，四周是篱落。

从受县令姜垛之聘参与编修《仪征县志》的卸任日照知县，李坫的《游江上汪园》（前引）诗中知道，"湛阁"是临水而筑的，"灵岩"为贴水而掇，园外江上远处群山尽收眼底。寤园南临大江是毫无疑问的。

在曹元甫的《博望山人稿》中有《题汪园荆山亭图》的诗："斧开黄石负成山，就水盘起成险关。借问西京洪谷子，此图何以落人寰。"诗中说"荆山亭"是"就水盘起"的黄石"险关"上的亭子，这完全是洪谷子（荆浩）画的山水画掉"落人间"。用顽夯的黄石，按荆浩、关全笔意堆掇假山，乃是计成的创意。由此亦可知，寤园中还有"荆山亭"一景。

曹元甫的另一首《信宿汪士衡寤园》诗云："自识玄情物外孤，区中聊与石林俱。选将江海为邻地，摹出荆关得意图。古桧过风弦绝壑，春潮化雨练平芜。分题且慎怀中简，簪笔重来次第濡。"从中更可以看出，寤园选地以"江海为邻"，内中有"石林"、"绝壑"等景。

对照《园冶·江湖地》："江干湖畔，深柳疏芦之际，略成小筑，足徵大观也。悠悠烟水，淡淡云山，泛泛渔舟，闲闲鸥鸟。漏层云而藏阁，迎先月以登台。拍起云流，舣飞霞仁。何如缥岭堪偕子晋吹箫，欲拟瑶池若待穆王侍宴。等闲是福，知享是仙。"这分明是寤园的写照。任何理论都是从实践中提炼出来的。因此我们可以说，计成的《江湖地》便是建寤园的概括和总结。

腰缠万贯纳粟买官的汪士衡，选择了仪征西郊南通长江的钥匙河畔建造园林。那片地方，仪征亦称西溪，本来就"其地青山当面，古木荫浓，渔唱农歌，莺飞鹭集"。园林建成后，有河可通长江，远客驾舟而至，园内亭台馆阁足以登临聚会，难怪阮大铖之辈频频光顾，聚饮作诗，亟赞园林之美与计无否之能。

# 三、寤园存在的时间不长

计成筑寤园，当在其《园冶》刚完稿时。曹元甫到寤园，"主人偕予盘桓信宿"，出书稿以示之。曹亟加称赞，并改题书名为《园冶》，还写下了《信宿汪士衡寤园》的诗句。此当在崇祯四年（1631）。

到崇祯九年（1634），阮大铖写《坐湛阁感忆汪士衡中翰》时，汪氏已去世。诗云：晴浦列遥雁，霜枝领暮鸦。寒情何可束，开步入蒹葭。触物已如此，伊人空复遐。尚思磅礴地，高咏响梅花。千尺春潭水，于君见素心。露花迎凤梦，风筱寄荒吟。鸡黍期如昨，人琴感至今。何堪沙浦上，喷喷听寒禽。

汪士衡不在了，阮大铖独自在长江边的湛阁上，望着滔滔江水漫漫沙浦，听着暮鸦哀鸣寒禽绝唱，不禁悲从心起，写了上面这首诗。汪氏去世后，再也没有人具"鸡黍"了，阮、曹之辈也就绝迹此地。这是寤园衰败的原因之一。

从仪征的历史沉积中，我们看到明代李东阳（1447—1516）写的关于仪征人抵旱抗淤的斗争。李说："河水缩不流……曳缆用巨牛，漕舟百万斛，拥塞如山丘。"江水退缩，入江河道干涸，舟不能行。这种沿江淤积，内河淤塞之状久困仪征，连老百姓都只能挖井取水以饮。为了能够行舟，明清之际先后建造了闸水的沿江水闸，清水闸、南门潮闸等七座。筑闸虽然利于行舟，但更增加了淤塞的速度。这种淤塞现象一直没有停止过，江边沙漫之洲联结北岸，南流入江之钥匙河等分别由深阔变浅窄，原来风景如画的江干河畔变成了黄沙漫漫，连城内的仪城河也逃脱不了被淤的厄运。明清之际，雨则街巷成泽国，不雨则无水可取，百姓怨天尤人苦无办法。试想，在这种自然条件下，建于钥匙河入江处的"江上汪园"能有什么好结果。康熙七年（1668），知县胡崇伦主持挑浚钥匙河淤塞段至长江，可见至1668年前此河已经全部淤塞，尽管进行挑浚但总是逃不了淤塞的命运。

虽然仪征的志书上都没有提到寤园及其下落，但只要你站在淤塞了的钥匙河畔，当年的"汪家花园"的土丘上，感受大江沉积泥沙淤堵河道的伟大自然力，再对照一下清初仪征县、甘泉县与现在的仪征市地图，就不难理解当初筑园于此的失策。纵然计成有天大本领，但也不能阻挡滚滚江水裹挟而下的漫漫泥沙。河道的逐渐淤堵，是江上汪园衰败的另一个原因。

有此两个原因，即便李自成的农民军和强大的清军不打到仪征，寤园也存在不了许久。有专家指出，寤园存在的时间不过五六年，旧志毫无记载亦不足为奇。

# 四、扈冶堂不在寤园

计成在《园冶·自序》中署曰："时崇祯辛未之秋杪否道人暇于扈冶堂中题。"专家们考证，计成此时正在为汪士衡筑园，"扈冶堂"必是"寤园"中的室名。

陈植先生在《园冶注释》（第二版）中对扈冶堂作了这样的注解：扈冶堂——自序末"暇于扈冶堂中题"，时期注明崇祯辛未，即崇祯六年（按：应为四年），说明《园冶》在是年完成于寤园，扈冶堂为寤园中主要景物之一。

张家骥先生在其《园冶全释》中对此则注释为："扈冶堂：汪士衡家中的堂名。"张先生还引用了研究计成和园冶的曹汛教授的话："扈冶有广大之意。《淮南子》'储与扈冶'，注：'褒大意也。'旧本阚铎氏《识语》以为扈冶堂是阮大铖家中的堂名，新注（《园冶注释》）则谓是计成家中的堂名。我意认为二说俱不确……在为汪士衡造寤园时，住在主人家里，于造园之暇，在扈冶堂中写成的，扈冶堂为汪士衡家中的堂名。"

陈说与曹、张两先生所说明显不同，一个是汪士衡"寤园中主要景物"，一个是"汪士衡家中的堂名"。

仪征研究人文历史的专家说，寤园中有主要景点：湛阁、荆山亭、篆云廊、扈冶堂等。询之，何以知道寤园中有"扈冶堂"，答曰："根据陈植教授《园冶注释》。"

据查证，首先可以肯定的是，扈冶堂不是阮大铖家的堂名。研究阮大铖的胡金望教授说，阮大铖一直以阮籍作为其远祖，取堂名借重先人，为"咏怀堂"，无论是在安徽、南京都按中国传统，不改自己的堂名。阮大铖出的诗集都命名为《咏怀堂诗集》。

扈冶堂也不是曹元甫家的堂名。曹氏堂名曰"遥集堂"。虽然曹与计成关系极好，但计成不是在曹家完成此《自序》的。

扈冶堂会不会是富绅汪士衡用的堂名？按常理，古人借用他人之所写作，落款均需尊重别人，注明"寓××"。即便像阮大铖与曹元甫是相当要好的同科进士，且都有极高地位的人，阮在曹家写作的《牟尼合》落款时，也写明"寓遥集堂"。如果按照几位先生的说法，计成借用了"扈冶堂"写书、序，还将所写的书上钤"扈冶堂图书记"，又不作任何说明，那简直是太不近情理了。这在一个身份仅仅是"造园主持人"的计成，不敢这样做，就是阮大铖在付梓时也不允许计成如此作为。因此可以肯定，"扈冶堂"不是汪氏的堂名。

另外，阮、曹诸人多有咏诵寤园的诗，涉及寤园中的亭阁假山、柳淀江河、树草花木，但从未涉及到"扈冶堂"，也足以说明园中并无此堂，更不是什么主要景观。

那么，"扈冶堂"是究竟怎么来的呢？我们知道，古人起堂名都代表了自己的一种向往，且有"人行千里不改家中堂名"的传统，每寓一地均以是名为堂。这在即使是文化不高的农家、商户也不例外。计成作为明代的文人，应该是遵循这些传统的，因此他所使用的最大可能是松陵家中的堂名。另外，从阮大铖称计氏为"臆绝灵奇"，曹元甫将《园牧》改为《园冶》，"扈"的本意是"随从"，不能不促使人进行一点联想，"扈冶堂"是随"冶"而来临时杜撰的堂名。这好比近代不少出身于富裕家庭的学者，不用家中的堂名，而把书斋另外起名，难怪研究计氏及《园冶》的众多专家苦心求证，始终找不到确切的答案。

（沈春荣　沈昌华）

**参考资料：**

1.王检心修：道光《重修仪征县志》，见《中国地方志集成·江苏府县志辑》，江苏古籍出版社，1991。

2.英杰等修、晏端书等纂：同治《续纂扬州府志》，见《中国地方志集成·江苏府县志辑》，江苏古籍出版社，1991。

3.陈植：《园冶注释》，中国建筑工业出版社，1988。

4.曹汛：《计成研究》，见《建筑师》第13期，中国建筑工业出版社，1982。

5.张家骥：《园冶全释》，山西古籍出版社，1993。

6.帅国华、汪向荣：《仪征景观》，内部印行，2002。

7.仪征市地方志办公室等：《古诗咏仪征》，内部出版，2002。

# "不说迷楼说影园"

影园在扬州，是计成设计建造的三个著名园林中，目前唯一能见到详细文字记载的园林。

如果说，常州的吴园（我们暂且这样命名）是计成的处女作，仪征寤园是计成边实践边理论升华的产物，那么影园则是计成《园冶》理论的再实践，是他造园技艺的巅峰作品，被后世列为中国的八大名园之一。

## 一、影园寻访

影园建成于明崇祯乙亥（八年，1635）。园主郑元勋生于富商之家，与计成是至交，对绘画、造园也颇有研究，但自叹在计成面前简直是"拙鸠"。他在《影园自记》中说，影园位于"城南"。随着扬州城区的扩大，到清嘉庆时，《重修扬州府志》中说，"（影）园在城西湖中长屿上，古渡禅林之北"。据后世考证，实际上，影园是在清代扬州城西南湖中长屿上，东、西为内、外城河所夹，外城河即运河。隔内城河便是扬州的西城墙，位于现在市中心"荷花池公园"的北半部，紧挨它的是当时另一著名园林"九峰园"。

"影园"之名，由董其昌（字元宰）的题字而得。壬申（崇祯五年，1632）冬，董其昌路过扬州，郑元勋持自己的山水画册请教，顺便讲到建园读书、侍奉母亲的设想，并向他描述了园址的地理环境。园址远可借蜀冈、平山之山势景色，近是满目柳树，加之广阔湖池上的荷花相辉映，柳影、水影、山影和谐共融。董认为，"是足娱慰"，因之题书"影园"两字。

据《影园自记》描述，影园与扬州南城（实际是西城墙）隔水而居，因两岸遍栽桃柳，素有"小桃源"之称。园门朝东，正对城墙。进门即有山（土山）径数折，松杉密布，间以梅、杏、梨、栗。山后，左是荼蘼架，架后芦苇丛；右为小涧，夹涧是小竹林。迎面是一垛用色彩斑斓乱石堆砌而成的"虎皮墙"。墙上两道小门，都用犬牙交错的古木制成。入门便是十余株高大的梧桐，把小径紧紧地遮盖住。再进一道门，便是挂有"影园"匾额的书房。为何挂匾于此，园主解释道："古称'附庸之国为影'，左右皆园，即附之得名，可矣！"

转入小路，只见梅枝从漏墙中伸出。往南穿过柳堤，漫步过乱石砌成的小桥，迎面便是势如下山之虎的巨石。绕过顽石便是影园的主要房舍之一"玉勾草堂"。这是一组侍奉老母的宅院。堂后荷池，池外是植有高大柳树的堤岸。堤外运河，隔岸又是连绵不断的柳树，目光所及是已略显荒芜的阎氏、冯氏、员氏园林，满园竹木秀茂，正可为影园添色。

运河南通长江，北可达古邗沟、隋堤、平山、迷楼、梅花岭、茱萸湾等名胜景观。水际筑有小阁，称作"半浮"，既可作为游船小码头，又可在此专以逗黄鹂、听啼鸣。岸边停着被称作"泳庵"的小舟。舟虽仅能容下一榻、一几、一茶炉，但往北游胜迹则足矣。

玉勾草堂院内，有高二丈、粗十围的西府海棠，据说江北仅此一株。荷池周围，黄石堆砌成错落有致的阶台状，大的可容十余人，小的也可容四五人，被称作"小千人坐"。绕池水边栽芙蓉，地上种梅、玉兰、垂丝海棠、绯白桃，石间植兰、蕙、虞美人、良姜、洛阳诸花草。

池上曲桥穿柳而过，对面桥头植有石刻"淡烟疏雨"。人到桥中央，望见半阁、小亭、水阁，却无法径直到达。

穿过曲桥，便来到园中最大房舍"读书处"。进入园门，左右二道曲廊。左廊通主人的读书处。主体建筑是三开间朝西向的。主人说，有梧柳遮荫，即使是烈日炎炎的夏天，仍有习习凉风扑面而来。室内既有读书的地方，又辟有藏书室。藏书室上面的小阁，需从室外沿曲廊拾阶而上。登小阁，远可眺江南诸峰，近尽收眼前树色。院内庭前两石峰，岩上植桂，岩下四时花木，并以一大石作衬托，石下是两株百年古桧。

从石侧入小门，便有一亭临水，菰芦环抱。亭上悬两匾"菰芦中"与"潈翠亭"。

从"淡烟疏雨"门内右廊，可达水际"湄荣"亭。亭上二面装窗。由亭右穿过六角形门洞，沿曲廊可到达第三处房舍"一字斋"。这是主人为孩子准备的读书处。左可到三面环水、一面是石壁的"媚幽阁"。壁立作千仞势，顶植两株剔牙松。媚幽阁后窗正对着玉勾草堂。两个景点的游人可以彼此呼应，但要走到一起则颇费周折。

园林主要建筑基本是围绕"玉勾草堂"后面荷池布设的。曲折幽深的小径穿行，顽夯粗犷的黄石绕池，灵奇秀巧的湖石点缀，花草竹木疏密有致，亭台楼阁错落成趣，登堂入室隐含机巧。《自记》称，园"广不过数亩，而无易尽之患。山径不上下穿，而可坦步，皆若自然幽折，不见人工。一花、一竹、一石，皆适其宜，审度再三。不宜，虽美必弃。"园处于四面环水的小岛上，有湖光水色的映衬，更显其妩媚诱人。《自记》还说，"得地七八年，即庀材七八年，积久而备，又胸有成竹，故八阅月而粗具。"八个月间计成独具匠心的构筑，使园林更是尽收美景。

园成之后，贺客盈门。尤其崇祯十三年（1640），园中黄牡丹怒放，园主郑元勋集名流吟咏，并制两金觥作为奖品，内镌"黄牡丹状元"。所有征诗糊名易书，送南京请钱谦益评定甲乙。海南黎遂球正好路过扬州，即席十首诗作竟冠诸贤，一时声名鹊起，共呼"牡丹状元"。郑元勋据此编成《影园诗稿》。其中，录了他自己的一首诗：卜筑依河曲，为亭继竹西。浅矶延白鹭，重影合青霓。鹤病无人守，蓬深鹿亦迷。主人方铩羽，凡鸟固应题。

园主郑元勋（1598—1644），字超宗，江都人，祖籍安徽歙县。父郑之彦是盐商，有四子，元勋排行第二。性豪放任侠，古道热肠，家财万贯，热心地方事业。崇祯十七年（1644）五月二十二日，在反抗清军进入扬州的斗争中，被自己人误杀。尽管园主去世得早，但影园存在的时间却比较长。康熙年间，福建布政使汪楫（1626—1689）还写下了"词赋四方客，繁华百尺楼。当时有贤主，谁不羡扬州"的诗句。

# 二、"夺天工"之作

《园冶》在东邻日本亦被译作《夺天工》。影园是计成完成《园冶》一书后，应用自己的理论指导造园，并验证理论的产物。因此，影园中处处体现出他所倡导的"虽犹人作，宛若天开"的园林艺术境界。

### 1.巧于因借

《园冶》中说："因者，随基势之高下，体形之端正，碍木删桠，泉流石注，互相资借。宜亭则亭，宜榭则榭，不妨偏径，顿置婉转。斯谓精而合宜者也。"

郑元勋所得的园基位于扬州西城墙之傍，芦汀柳岸之间。三面环水，东西为城河和运河所夹，西北蜀冈蜿蜒起伏。柳万屯，荷千顷，"水清而鱼多，渔棹往来不绝。春夏之交，听鹂者往焉。以衔隋堤之尾，取道少纤，游人不恒过，得无哗。升高处望之，迷楼、平山皆在项臂，江南诸山历历青来。"

按计成的造园理论，此基远尘俗邻郊野，处江河之畔，虽荒芜如放马牧羊之地，却是造园的极佳地块。影园充分利用岛的特殊性，建筑沿岛周边布局，河堤植柳，岛中开挖池塘，池中又掇小山，形成了绿柳围绕，湖中有岛，岛中有湖，湖中又有岛的"岛园"。正如茅元仪在《影园记》中说："为园者，皆因于水。"

影园在水的处理和利用上可谓煞费苦心。玉勾草堂北面是全园面积最大的荷池，与环抱岛屿的带状河流形成强烈的比照。池之北，凿涧疏源，通最北之"媚幽阁"，又通外抱之运河，突出"疏源之去由，察水之来历"，成为园水之源。涧上亭桥跨越，使水面有聚缩舒张的动感；小径蜿蜒曲折于山丘、岩壁、亭馆、丛林之间，造成幽深曲奥的意境。

影园地广十亩，主要建筑仅一堂（玉勾草堂）、一馆（读书处）、一斋（一字斋）、二阁（媚幽阁、半浮阁）和二亭（漷翠亭、湄荣亭）。正如《园冶·江湖地》所说，"江干湖畔，深柳疏芦之际，略成小筑，足徵大观也"。

此地多鹂，影园特意在岛的南端"别为小阁，曰'半浮'"，"专以候鹂"，使有雅兴听鹂者能倚阁听歌，充分体现出造园者的生态意识。

刘侗的《影园自记·跋》中说，"且所作者，卜筑自然。因地因水，因石因木，即事其间。如照生影，厥惟天哉"，真是"善于用因，莫无否若也"。

影园巧妙地应用"借"的手法，开阔视野，形成诗一般的画境。按照"得景则无拘远近。晴峦耸秀，绀宇凌空。极目所至，俗则屏之，嘉则收之。不分町疃，尽为烟景"的原则，园中无山又未掇过分高的山，却远借了江南的依稀山势，近借阎、冯、员氏荒园之高柳，扬州城墙的"遥飞叠雉"，北可望蜀冈、平山，西有洪恩寺、八腊庙等山间佛寺梵宫。真是"远峰偏宜借景，秀色可餐"，"山楼凭远，纵目皆然"。计成认为，"夫借景，林园之最要者也"。影园远近俯仰借周边诸山成景，处理得素雅自然，充分发挥了地域优势，既节工省料，又获得了极好的空间效果。

### 2.精在体宜

粗看影园布局，似乎过于简单，但细细品味则充分体现出以少胜多的特点。

我们试对影园作一番游览。从城墙根过桥进园，当门即是山。山径数折，松杉密布。径左芦花如雪，右则竹林深幽。过"虎皮墙"，高梧夹径，人行其中，衣面尽绿，抬头即是"影园"匾额。为园之前导区。

穿柳荫拨藤蔓，过小桥绕巨石，即到"玉勾草堂"。当庭一站，但见荷风四面，一池碧波，城影、山影、柳影尽在其中。此为园之湖区。径窄湖阔紧相连，有顿觉开朗之感。

堂之西南是高柳，隔水为桃李，候鹂之"半浮"筑于柳岸水际，仿佛水乡僻野。真正是"平冈曲坞，叠陇乔林，水浚通源，桥横跨水"。为园之"听鹂区"。

出"玉勾草堂"，过曲桥，便是隐于花木丛中的"淡烟疏雨"和"读书处"，典雅得体，山峭如壁，梧柳荫障。登上藏书室小阁，"能远望江南峰，收远近树色"。是为园之制高点。

荷池之西北，水际有"湄荣亭"、"潥翠亭"（即"菰芦中"）一组建筑。或登临远眺，或凉亭对饮，室隔丹桂时花，有四时不谢之春光。

池之北为"一字斋"，书声琅琅，"媚幽阁"溪水淙淙，与"玉勾草堂"隔池相望，却无法直接通达。

园中各区均以树木、溪水、山石为分界，很少采用墙、廊、台等建筑，只有"读书处"与"一字斋"之间用曲廊相连。园之北部另辟一地，"去园十数武，花木豫蓄于此，以备简绌。荷池数亩，草亭峙其坻，可坐而督灌者。花开时，升园内石磴、石桥或半阁，皆可见之。渔人四五家错处，不知何福消受。"使整个园林疏朗简洁，充满浓郁的乡村自然美。

有人说，影园是"一池居中，房舍贴边，花树相间，山石点缀"。园内各空间开合穿插，一气呵成，造成了"以少胜多，以简胜繁"的效果，达到了平淡中见绚丽的艺术境界。

### 3.情景交融

计成创作的影园，营造了可游可居的艺术环境。这里用黄石以皴而掇的"媚幽阁"石壁，壁立千仞势，犹如"半壁大痴"；将迷楼、平山收入"淡烟疏雨"窗牖，好比"片图小李"。春柳鹂唱，鱼翔浅底；夏荷送爽，凉亭浮白；萩芦雁鹜，丹桂飘香；松柏傲霜，踏雪寻梅；探幽竹里，举杯邀月；吟牡丹，观落日；养母课儿，读书灌园。舒适、恬淡却如人间仙境。

影园意境的安排是出类拔萃的，从自然美、生活美到艺术美，由"物情所逗"到"目寄心期"，将感情熔铸到山水环境之中，使意境成为景物的核心。正如郑元勋所说，"一花、一竹、一石，皆适其宜，审度再三。不宜，虽美必弃"，即如果"物"与意境不相宜，尽管是最美的"物"，也弃之不用。

计成在不到一年的时间里，便使影园"别现灵幽"。此灵幽乃胸中之丘壑，笔先之"意"。他将自己一生的经验，"区划"、"指挥"而成影园，好比昆曲剧目，宛若江南丝竹，轻清淡雅，余音绕梁，让人感到处处情景交融，玩味无穷。

## 三、影园之"影"

"扬州以名园胜，名园以垒石胜"。《落日辉煌话扬州》一书中这样说："早期的计成，在晚明时为郑元勋建影园。他在《园冶》一书中总结的叠石经验大多在建影园时实践过，也就可以认定他的许多经验传授给了扬州匠人。"

计成在《选石》中说，"黄石是处皆产，其质坚，不入斧凿，其纹古朴"，"小仿云林，大宗子久"。"块虽顽夯，峻更嶙峋，是石堪堆"，"俗人只知其顽夯，而不知其奇妙也"。他创造的按画理、皴法将黄石堆成假山，垒成"虎皮墙"、围驳池帮岸。这在后来扬州建造的园林中多有效仿。

比影园建得稍晚、紧挨影园的"九峰园"中亦以黄石叠成翠屏，中置玻璃厅，悬御匾"澄空宇"，黄石假山在这里"别现灵幽"。

"个园"在扬州东关街，为清嘉道间盐商黄应泰所建。园内有池，池之东有黄石山一座，体量大，山石嶙峋，洞窟幽深，山顶有"佳秋"阁，可登高眺望。假山顶上建阁，必用条石封顶，这是《园冶·掇山·洞》极力提倡的，所谓"斯千古不朽也"。

小小"珍园"清嘉庆年间由"兴善庵"改建，面积仅一亩一分。入门，穿紫藤架，伫立庭中南望，俨然是一幅以粉墙为纸，玲珑剔透的湖石、亭台、花树构成的写意山水画。黄石绕池，碎砖乱瓦铺地，化腐朽为神奇；洞穴顶部架以条石，以花石为饰，坚固而不失秀美；花木藤萝间植岩顶，曲廊盘折；曲梁飞架，山石临水，仿佛水源悠长；院墙上的漏窗、四方亭上空窗透幽揾秀……处处体现出小中见大，别有洞天，古木繁花，咫尺山林，仿佛就是郑元勋笔下的影园。

《园冶》中构想的窗棂、栏杆式样，花墙上的空窗、围墙上的门洞，在扬州园林中随处可见，"弱柳窥青，伟石迎人"，形成极具动感的空间。

影园在扬州，扬州的园林中到处都有影园之"影"。虽然郑元勋早逝，影园也早已废圮，但影园、《园冶》、计成却深深地铭刻在以园林为胜的扬州。扬州人自己说，"影园的规模和构置的奇巧，非一般园林能企及。计成是最负盛名的造园家，影园出自他手。影园主人郑元勋与计成交游已久，对园林结构亦有研究，尤其对计成的专著《园冶》颇多阅读心得，所以在崇祯八年（1635）题词宣传《园冶》。是书的刊行，在造园市场极其大的扬州得到了流传，不会视为秘籍。"

# 四、影园遗址

影园以其空灵秀逸名噪江淮，被誉为"扬州第一名园"。当时人顾尔迈在《影园自记·跋》中说，"南湖秀甲吾里，超宗为影园其间，又秀甲南湖。"《影园瑶华集》中有诗句曰，"广陵胜处知何处，不说迷楼说影园。"

由于郑元勋死于乡难，明替以后家世式微，影园渐趋冷落。但有史料可查，到乾隆辛未（十六年，1751）、丁丑（二十二年），乾隆皇帝两次南巡中，仍将影园列入巡游扬州的主干线范围内。虽然有人说，那时已有人写过凭吊影园的诗文。而乾隆三十五年，郑元勋玄孙郑沄（时任内阁中书）曾请人绘制《影园图》，足以证明当时园虽荒而仍存在。成书于乾隆六十年（1795）的《扬州画舫录》中，李斗说，"百余年来，遗址犹存"，"而影园门额，久已亡失。今买卖街萧叟门上所嵌之石，即此园物也"。

数百年的沧桑，影园早已不复存在，可是扬州市民对郑元勋、计成和影园的感情却不因时间而消退。

扬州园林家朱江先生通过周密考证，于上世纪80年代拨开迷雾，排除一些志书中的杜撰，找到了影园遗址。

1999年，扬州当地政府、园林部门策划、论证，聘请国内造园名家——工程院院士汪菊渊、孟兆桢等，深入研究郑氏《影园自记》，复制出"影园模型"。2003年春，动工按模型恢复"影园遗址"，并于国庆期间开放，揭开影园的神秘面纱。他们还准备规划复建影园。

我们要感谢扬州人的做事认真，让计成所建造的江南第一名园能够重新回到人间，再一次展现它那独特的风格，使现代人能够领略到一代宗师计成的造园艺术。面对"遗址"，我们仿佛又见到了茅元仪所说的"于尺幅之间，变化错从，出人意料，疑鬼疑神，如幻如蜃"的人间仙境。

**（沈春荣　沈昌华）**

**参考资料：**
1.阿克当阿修：嘉庆《重修扬州府志》，见《中国地方志集成·江苏府

137

县志辑》，江苏古籍出版社，1991。

2.王检心修：道光《重修仪征县志》，见《中国地方志集成·江苏府县志辑》，江苏古籍出版社，1991。

3.计成：《园冶》，城市建筑出版社，1956。

4.郑元勋：《影园自记》，见《影园瑶华集》乾隆二十七年刻本。

5.李斗：《扬州画舫录》，中华书局，2001。

6.《扬州园林　秀甲天下》，见《落日辉煌话扬州——扬州史志2000增刊》。

7.茅元仪：《影园记》，见《影园瑶华集》乾隆二十七年刻本。

8.曹汛：《计成研究》，见《建筑师》第13期，中国建筑工业出版社，1982。

9.吴肇钊：《计成与影园兴造》，见《建筑师》第23期，中国建筑工业出版社，1984。

10.刘家骥：《园虽小而可珍——记扬州珍园》，见《建筑师》第20期，中国建筑工业出版社，1984。

# 试析计成的造园思想

## ——读计成《园冶·园说》后感

计成《园冶》中《园说》一章，是全书的总论。作者从造园艺术出发，阐述了造园所要达到的意境，并将此概括为"虽由人作，宛自天开"的八字总纲。

《园说》仅386个字。作者以极其精辟的语言，全面论述了他对园林设计的观点。这是中国历代建造园林的经验总结，也是中国古典园林设计的准则。

## 一、《园说》论述的要点

凡造园林，必然要首先考虑：园址选在什么地方、建造一个什么样的园林、园林所要达到的意境是什么？《园说》清楚明确地回答了这三个问题。

### 园址的选择

"凡结园林，无分村廓，地偏为胜。"计成认为，无论山林、村庄、郊野、宅旁，还是江干湖畔都可以造园，即使是在喧闹的城市中，只要找到"幽偏"的地方，也可以"闹处寻幽"造园而"足徵市隐"。

在其后的《相地》中，计成对各种地形地貌的园址更是逐一作出评价。他认为"山林地"最适合造园，"园地惟山林最胜，有高有凹，有曲有深，有峻而悬，有平而坦，自成天然之趣，不烦人事之工。"所以，他把"山林"作为造园的首选地。

对"村庄地"，他认为不失是一个好的选择。"古之乐田园者，居于畎亩之中；今耽丘壑者，选村庄之胜。"在那里可以"安闲莫管稻粱谋，沽酒不辞风雪路。归林得意，老圃有余"。

对"郊野地"，他认为可以"依乎平冈曲坞，叠陇乔木"，"去城不数里，而往来可以任意，若为快也"。在这种地方造园，既能享受到原野风光，又便于到城市中转悠，可以经常换换环境，调节生活情趣，也不失为好的去处。

在邻近江湖的地方造园，"深柳疏芦之际，略成小筑，足徵大观也"。可以看到"悠悠烟水，淡淡云山，泛泛鱼舟，闲闲鸥鸟"，一幅幅若隐若现、亦真亦幻、浓妆淡抹总相宜的画卷。这是计成推荐的又一种适合造园的地方。

在住宅边建园林，计成定之为"傍宅地"。他说："宅傍与后有隙地可萤园，不第便于乐闲，斯谓护宅之佳境也。"这样既有舒适的居住环境，又有只需举步之劳的休闲地方，"足矣乐闲，悠然护宅。"

城市中，他不主张造园，"市井不可园也"。如果一定要在城中建园，必须选择"幽偏"之地，要"邻虽近俗，门掩无哗"。但在城里，真正"门掩无哗"的地方是很难找到的。他为吴玄造的"环堵宫"虽在常州城内，却已邻近东门，远离了喧闹的主城区。

从计成对各种园址的评价中，我们可以清楚地看到古代隐士的痕迹，"归隐山林"，"大隐隐于市"是当时"失意人"摆脱尘俗的追求。

### 园林的形象

计成对园林的总体构想是，"围墙隐约于萝间，架屋蜿蜒于木末"，山楼"轩楹高爽，窗户虚邻"，"梧阴匝地，槐荫当庭，插柳沿堤，栽梅绕屋。结茅竹里，浚一派之长源；障锦山屏，列千寻之耸翠"，"在涧共修兰芷"。

这些文字给我们描述了园林的鸟瞰图：在千姿百态的花木丛中，围墙隐隐约约包裹着一片幽静的世界，亭台楼阁掩映在绿树繁花中，池沼小溪，山石峰岩，梅兰竹、柳槐梧点缀其间。这里既有"莳花笑以春风"，"送涛声而郁郁，起鹤舞而翩翩"，"竹木遥飞叠雉"，"柴荆横引长虹"，令人心旷神怡的美丽画卷，更有"两三间曲尽春藏，一二处堪为暑避"的舒适居住环境。

扬州郑元勋的"影园"，计成设计的是由两条河道相夹，使之与外界隔绝，园内是满目高柳，时花点缀，中间一泓荷池融水影、山影、柳影于其中，一堂（玉勾草堂）、一馆（读书处）、一斋（一字斋）、二阁（媚幽阁、半浮阁）和二亭（潄翠亭、湄荣亭）错落有致分散在整个园中，之间大部分用小径相通，局部构以曲廊。园墙之外，别有空地一片辟为花圃，"荷池数亩，草亭峙其坻"，"渔人四五家错处"，"诗人王先民结宝蕊栖，为放生处，梵声时来"。整个园林空旷中见精致，登高可望远处山水，满目葱茏，俯瞰可赏游鱼悠然、粉荷玉立，静心能闻鹂声清脆，既有奉母养老的高堂敞厅，又有读书静思的幽僻之处，更有高朋赏景论文的假山亭阁。可谓是一步一景，步步生情。

常州吴玄的"傍宅园"是十亩为宅，五亩为园。在区区五亩中，被计成规划得"掇石而高"，"搜土而下"，"乔木参差山腰，蟠根嵌石，宛若画意"，"亭台错落池面，篆壑飞廊，想出意外"。园主喜不自禁，"从进而出，计步四百。自得谓江南之胜，惟吾独收矣"。

从计成的理论到实践，他所主张造的园林是融赏、玩、住于一体，适宜于归隐的"欣逢花里神仙"，"足并山中宰相"，"固作千年事，宁知百岁人，足矣乐闲"的世上桃源。

**园林的神韵**

光有物的条件不能成为园林，最根本的是"神韵"。计成本身是一个荆关派画家。他强调胸有丘壑，意在笔先，要像作山水画一样造园。他所描述园林的周边环境，充满着诗情画意，如"萧寺可以卜邻"，"刹宇隐环窗，仿佛片图小李"，随时有"梵音到耳"，造就了静心寡欲修身养性的氛围。对照扬州"影园"，北有蜀冈、迷楼、平山，南有"江南诸山历历青来"，西有洪恩寺、八腊庙等山间佛寺梵宫；常州吴玄的"环堵宫"，东有城墙、天宁禅寺、文笔塔等，均是计成所属意的。在建造中，他把周围环境像作山水画那样，写其"嘉"，而以不佳者尽成"烟景"，达到浓淡相宜尽善尽美。

园林内部的布局和构建。计成主张园内要疏朗简雅，又要能使人"触景生奇，含情多致，轻纱环碧，弱柳窥青"，"窗户虚邻，纳千顷之汪洋，收四时之烂漫"。他的布局设计尽出自画意，要达到"奇亭巧榭，构分红紫之丛；层阁重楼，迥出云霄之上。隐现无穷之态，招摇不尽之春。槛外行云，镜中流水。洗山色之不去，送鹤声之自来。境仿瀛壶，天然图画"的效果。"岩峦堆劈石，参差半壁大痴"，再加上空窗、门洞，计成所设计的园林中到处是一幅幅山水画卷。

仪征的"寤园"主要景点实际上只有"江亭"、"湛阁"、"荆山亭"、"篆云廊"几处，经过计成按画意的处理，却已是"选将江海为邻地，摹出荆关得意图。古桧过风弦绝壑，春潮化雨练平芜"（曹元甫诗），充满诗情画意。

在建筑物的构建上，计成同样要求"时遵图画"，要含情多姿。他在《屋宇》中明确提出，"时遵雅朴，古摘端方"，"画彩虽佳"，"雕镂易俗"。既要幽眇多趣，又要朴素淡雅。掇山时，他强调"深意图画"。"峭

141

壁山"中，他主张"以粉墙为纸，以石为绘也。理者相皴纹，仿古人笔意。植黄山松柏、古梅、美竹，收之园窗宛然镜游也"。

古典园林不仅是供游玩的，其私家园林的属性必须要有适合在其中生活的场所和环境。计成的设计中有厅堂楼阁、书斋卧室，可以奉亲课儿，读书操琴，也可以吟诗作画弈棋品茗，还设计了园居者的文化生活空间。他说，"山楼凭远"，"竹坞寻幽"，"紫气青霞，鹤声送来枕上"，"养鹿堪游，种鱼可捕。凉亭浮白，冰调竹树风生；暖阁偎红，雪煮炉铛涛沸"。"夜雨芭蕉，似杂鲛人之泣泪；晓风杨柳，若翻蛮女之纤腰。""溶溶月色，瑟瑟风声，静扰一榻琴书，动涵半轮秋水。"

在这样的自然环境中生活，人的感觉如何呢？计成说，"渴吻消尽，烦顿开除"，"凡尘顿远襟怀"。他没有说什么是"渴吻"、"烦顿"，也没有对"凡尘"进行释注。但我们可以清楚地领略到，那是士大夫的"渴吻"与"烦顿"。计成笔下的园居生活，就是从世事纷纷中逃逸出来的未当官或者不愿当官，以及当了官落职闲居的人要寻找的辋川、金谷，消夏、藏春、避世远俗的隐居生活。此辈对山水感兴趣有一个很大的特点，那就是富有哲理性。他们登临山丘、楼阁之时，对人生，对历史，对宇宙的种种思考油然而生，"触景生情"，相反对山水的具体形象却变得淡远模糊，在他们眼中只有"意境美"。

园内的施工，计成没有谈多少，只是说"窗牖无拘，随宜合用；栏杆信画，因景而成"。但他却提出了"制式新番，裁除旧套"的八字原则。他反对庸俗的雕鸾彩绘富丽堂皇，崇尚以式样取胜。正如李渔所说的那样，"贵新奇大雅，不贵纤巧烂漫。凡人只好富丽，非好富丽，因其不能创新标异，舍富丽无所见长，只得以此塞责"。计成的以少胜多，以简胜繁，以新奇雅朴胜富丽俗套而精妙得宜，使园林处处充满着幽雅疏朗的神韵。

## 二、《园说》表达的造园思想

计成说，园林要达到"虽由人作，宛自天开"的意境。这个"天开"，就是自然、天然，就是"天设地造"，即他所追求的园林是不见人工雕琢，但现鬼斧神工。概括起来，他的造园思想体现在"巧于因借"、"精在体宜"、"当要节用"、"宛自天开"十六个字上。

### 巧于因借

计成所说的园林不囿于园墙之内，而是要扩大到园墙之外，将站在园中可以看到的外部景色都"借"过来为我所用，以增加园林可游可观的情趣。一部《园冶》多处讲到"借景"。他说，"借者，园虽别内外，得景则无拘远近"，"极目所至，俗则屏之，嘉则收之"。他把"借"分为"远借、邻借、仰借、俯借、应时而借"。园外面好的景色都可以通过"借"组织到园中来，登高可以借远处山水、佛寺道观景色。利用门洞、漏窗、漏砖墙可以借邻园近景，"凡有观眺处筑斯（漏砖墙）"。"涉门成趣，得景随形"，"伟石迎人，别有一壶天地；修篁弄影，疑来隔水笙簧"。"倘嵌他人之胜，有一线相通，非为间绝，借景偏宜；若对邻氏之花，才几分消息，可以招呼，收春无尽"。利用溪流、曲池可以映借天上云彩星月和飞鸟掠影。

他特别重视根据四时变化"借"不同的景色，"借景有因，切要四时"。春天，"堂开淑气侵入，门引春流到泽"，"卷帘邀燕子，闲剪春风"；夏天，"林阴初出莺歌，山曲忽闻樵唱"，"幽人即韵于松寮，逸士弹琴于篁里"；秋天，"梧叶忽惊秋落，虫草鸣幽"，"寓目一行白鹭，醉颜几阵丹枫"；冬天，"但觉篱残菊晚，应探岭暖梅先"，"恍来林月美人，却卧雪庐高士"，"风鸦几树夕阳，寒雁数声残月"。

当然，"借景"不仅仅是物为我用，而是要升华到由景引发的联想，才达到"借"的真正目的。计成说，"构园无格，借景有因"，"因借无由，触情俱是"。又说，"然物情所适，目寄心期，似意在笔先，庶几描写之尽哉！"好的园林同样要有识货的人来欣赏。如果没有一定的欣赏水平，最好的景色在他看来不过是假山顽石、花草树木、屋宇回廊、曲池渡桥的堆砌而已，是处皆然。这就失去了"借"的初衷。

"借"还要讲究"因"，一是"因地之宜"即要借得合理。"山林地"可借周围"千峦环翠，万壑流青"，听"送涛声而郁郁"，看"起鹤舞而翩翩"，有"阶前自扫云，岭上谁锄月"的情趣。"城市地"可借"竹木遥飞叠雉，临濠蜒蜿，柴荆横引长虹"，"青来郭外环屏"。"村庄地"是"团团篱落，处处桑麻"。"郊野地""隔林鸠唤雨，断岸马嘶风"。江干湖畔可以尽观水上各色美景，"拍起云流，觞飞霞伫"。这些"借"都离不开当地的环境，是不能凭空臆造，或硬创造出来的，即钱泳所谓"四时万物皆以情而生"，"风云月露，因人而情；山川草木，因人而情"。

二是"借"也要"因人而宜"。郑元勋说："此人之有异宜，贵贱贫富勿容倒置者也。"

从古至今，许多人追求不受功名利禄羁绊的自然生活。其中，为人熟知的代表有晋代的"竹林七贤"，有"不为五斗米折腰"的陶渊明和他的《桃花源记》。他们崇尚自食其力的劳动生活，鄙视追名逐利；崇尚俭朴清静的读书悟道，鄙视锦衣玉食；崇尚无拘无束的田园生活，鄙视仰人鼻息，将粪土礼仪、避世离俗作为准则。后汉仲长统写过《乐志论》，其中说："使居有良田广宅，背山临流，沟池环匝，竹木密布，场圃筑前，果园树后。""养亲有兼珍之膳，妻孥无苦劳之身。良朋萃止，则陈酒肴以娱之；嘉时吉日，则烹羔豚以奉之。踯躅畦苑，游戏平林。濯清流，追凉风，钓游鲤，弋高鸿。风于舞雩之下，咏归高堂之上。安神闺房，思老氏之玄虚；呼吸精和，求至人之仿佛。与达者教子论道讲书，俯仰二义，错综人物。弹南风之雅操，发清商之妙曲。逍遥一世之上，睥睨天地之间。不受当时之责，永保性命之期。如是则可以凌霄汉，出宇宙之外矣。岂羡入帝王之门哉？"

计成极力营造符合吴又于、汪士衡、郑元勋辈"田园生活"要求的园林。他师法自然，在宅旁、江畔、村野里营造出恬静、素雅、幽朴的可居可游，可以读书鼓琴、登高远眺、临流濯缨、浮白竹里、偎红暖阁的"园林"，正是"隐士"们的乐土，正是他们可以自然生活的理想天地。这种文人隐士的私家园林，当然与现代园林的功能是大相径庭的。

### 精在体宜

"体宜"即是得体合宜。要达到这个目的，首先要对园林的地盘进行考察，然后作出规划。这是造园的基础。在《相地》一节中，计成把各种地块归纳为"山林地"、"城市地"、"村庄地"、"郊野地"、"傍宅地"、"江湖地"六大类，并指出各自的长处和短处，说明造园"得体合宜"所产生的艺术效果。所谓"相地合宜"是设计的基础，将地"相"透，"相"彻底，然后进行"合宜"的设计建造，才会有"构园得体"的结果。

在园林内部的结构上，计成论述了围墙、屋宇、楼轩、窗户、水池、桥梁、假山的安排，又指明了各种花树竹草的栽种要领，极其简约但又十分精到。在具体构建方面，他根据地形的高低曲直，提出了各种处理方式。"高方欲就亭台，低凹可开池沼；卜筑贵从水面"，"临溪越地，虚阁堪支；夹巷借天，浮廊可度"。但高处建什么样的亭台，低洼地开多大的池塘，水际设置哪种建筑等等，他都没有给出确切的说法，可见"计无否之变化，从心不从法"，没有固定的程式，都需要根据具体情况进行处理。所谓"宜亭斯亭，宜榭斯榭"。亦如李渔所说，"总无一定之法，神而明之，存乎其人，此非可以遥授方略者矣。"

在建筑物的建造上，他提出"野筑惟因"，"凡造作，必先相地立基，然后定其间进，量其广狭，随曲合方……能妙于得体合宜，未可拘率。假如基地偏缺邻嵌，何必欲求其齐。其屋架何必拘三五间。为进多少，半间一广，自然雅称"。这就是说既不能拘于死板的规矩，但也不能草率从事，必须根据具体情况，灵活巧妙地进行才能获得精而得体的结果。

但计成对园内建筑物的体量设计方面，却有明确的论说。在"村庄地"中，他指出"约十亩之基，须开池者三……余七分之地，为垒石者四。"即池占30％，土山占40％。凡园林必有水池，可生鱼莲、渡舟梁、建舫榭，但池太大则又成累赘。正如李格非所说，"多水泉者艰眺望。"计成的池为30％，比较接近"黄金分割法"，是较为恰当的比例。而土山40％，散漫于园中。所剩三成之地，又有路径花树，真正应建多少房屋已是很清晰的了。实际的例子是扬州影园，其中建筑物数量不很多，但分布却独具匠心，使景色与建筑物互为资借，架构出"步移景异"的一幅幅天然画图。他设计的园林中屋宇体量少品种多，采用以少胜多，以简胜繁的方法，从而达到以精取胜的目的。他所设计的园墙空窗式样，正如李渔在《闲情偶寄·居室部·墙壁》中评价的，"其制穷奇极巧，如《园冶》所载诸式殆无遗义矣。"

计成对于各种屋宇、山岩峰洞、池塘溪流、屋宇装折、墙壁地面、门窗栏杆，甚至天花的细部设计和加工，都作了非常精到的论述。例如，他说"凡厅堂中一间宜大，傍间宜小，不可匀造"，"诸亭不式。惟梅花、十字，自古未造者，故式之地图……斯二亭只可盖草"，"古之屏槅棂版，分位定于四六，观之不亮。依时制，或棂之七八，版之二三之间，谅槅之大小，约桌几之平高，最高四五寸为最"。说到"束腰式"时，他指出"如长槅欲齐短槅并装，亦宜上下用"。再如"凡磨砖门窗，量墙之厚薄，校砖之大小，内空必须满磨，外边只可寸许，不可就砖"。甚至什么地方该铺什么样的地面、路面都说得清清楚楚，处处都体现出精工细作，巧妙合理的设计思想。

"相地合宜"，巧妙安排，合理布局，精工细作，以精胜繁，所构建的园林自然"别现灵幽"、"得体合宜"。

### 当要节用

在《兴造论》中，计成提出"当要节用"的观点。这是他造园思想的一个很重要的内容。处处讲求节约，物尽其用。"旧园妙于翻造，自然古木繁花"，"多年树木碍筑檐垣，让一步可以立根，斫数桠不妨封顶。斯谓雕栋飞楹构易，荫槐挺玉成难"。"山林地"中，他指出"园地惟山林最胜……自成天然之趣，不烦人事之工"。"郊野地"中，他提出"摘景全留杂树"，将古老的大树留下来，巧妙地设置成景观。一方面体现计成对保护固有自然风貌的意识，另一方面也说明他对充分利用现有资源的重视，化腐朽为神奇，以节约造园成本。

在《铺地》中，他提出"废瓦片也有行时"，"破方砖可留大用"。利用这些看似无用的废瓦、破砖、乱青石板，他设计出"冰裂地"（用乱青石板、破方砖）、"香草边式"（用砖边、废瓦）、"波纹式"（用废瓦片，厚的作波峰，薄的作波谷）。

在《选石·旧石》中，他竭力抨击那些赶时髦互相攀比，不惜花巨资一味搜寻旧石、所谓"名贵"石头的奢侈做法。"予闻一石名'百米峰'，询之费百米所得，故名。今欲易百米，再盘百米，复名'二百米峰'也。"对此种行为作了充分的嘲笑。

在计成那个时代，采石成本极低，费用主要在运输上。笨重的石头运输，他主张走水路，"便宜出水，虽遥千里何妨，日计在人，就近可一肩挑矣"。在"宜兴石"的介绍中，他更是指出，此石"便于竹林出水（水运）"。他看重"黄石"，一是"是处皆产"，从"常州黄山、苏州尧峰山、镇江圌山，沿大江直至采石（注：即今马鞍山）以上皆产"。在江南营造园林用黄石，无论开采还是运输的成本都是极低的；二是"顽夯"、"奇妙"、"其文古拙"，因此无论掇山还是砌驳岸，他都广泛采用。而且经过他的掇弄，也确实产生出令人叹为观止的效果。

计成的"当要节用"思想还体现在降低园林维护的成本上。在"白粉墙"中，他的工艺为日后的清洁都作了考虑。这种墙"倘有污渍，遂可洗去"。假山"洞"的理法上，他主张封顶时用条石架构，这样不仅洞内空间大"可设集"，上面"或堆土植树，或作台，或置亭屋"，有"千古不朽"之功效。他的这种构架，在以后的造园中被广泛采用，连小小的扬州"珍园"、常州"近园"中的假山洞都采用了这种方法。

奢侈糜费地造园历来不被人称道。计成"当要节用"的思想得到了后人的赞同。清代苏州袁学澜在《双塔影园自记》中说："吴中固多园圃，恒为有力者所据。高堂深池，雕窗碧槛，费资巨万，经营累年，妙妓充前，狎客次坐。歌舞乍阕，荆棘旋生，子孙弃掷，芜没无限。殆奢丽固不足恃欤？今余之园，无雕镂之饰，质朴而已；鲜轮奂之美，清寂而已。"自欣自赏流于笔端。

### 宛自天开

中国古典园林以其自然山水为模仿对象进行构建。按计成的说法，就是要"有真为假，做假成真"。他设计的园林中，山石峰峦、池塘河溪、亭台楼阁、花木草树都以自然存在为基础，经过概括提炼"稍动天机"，既是仿真又不是纯自然主义。

计成在《园冶》中对墙屋池山、花木树草的叙述归结为"虽由人作，宛自天开"八个字。也就是说，园内所有一切人工做成的物景，均要源于自然，而又要高于自然。

在此后的具体论述时，他对造园的方方面面逐一明确阐述。如作为游园线路的"廊"，应该"廊基未立，地局先留，或余屋之前后，渐通林许，蹑山腰，落水面，任高低曲折自然断续蜿蜒"，"宜曲宜长则胜"。"楼"也未必一定要建于堂后，"何不立半山半水间，有二层三层之说。下望上是楼，山半拟为平屋。更上一层，可穷千里目也"。而"亭"的建造，他则认为"胡拘水际，通泉竹里，按景山巅，或翠筠茂密之际，苍松蟠郁之麓；或借濠濮之上，入想观鱼；倘支沧浪之中，非歌濯足"，只要"合宜"便可建亭。他说，"亭者，停也，人所停集也。"只要适合于人停下来休息，观望四周景色，可以作为从其他地方观赏的景物，而使环境更加丰富自然的地方才可以建亭。

计成强调"掇石莫知山假"，批评那种"厅前掇山，环堵中耸起高高三峰，排列于前，殊为可笑。加之以亭，及登，一无可望。置之何益？更亦可笑"，"排如炉烛花瓶，列似刀山剑树；峰虚五老，池凿四方，下洞上台，东亭西榭"，按中轴线左右对称等死板的做法。他提倡"散漫理之"，即按自然状态进行构建。他认为，"未山先麓，自然地势之嶙峋。构土成冈，不在石形之巧拙"，"结岭挑之土堆，高低观之多致。欲知堆土之奥妙，还拟理石之精微，山林意味深求"。这里面，他没有把堆土和埋石的方法和盘托出，只是用"未山先麓"、地势嶙峋、"观之多致"，再加"奥妙"和"精致"透露出来。计成所堆的土石混合之山，山石自然露出土表而成山势嶙峋状，犹如真山一般。在"影园"中，他按照园外连绵起伏的蜀冈走势掇山，仿佛蜀冈蜿蜒入园来。这样堆起来的土石山，易于栽植花草竹树，可以造成"乔木参差山腰，蟠根嵌石"，"繁花覆地""嫣红艳紫"，苔痕上阶绿，草色入帘青的"野致"，就"做假成真"了。

园林中理水，计成认为必须有天然的气息，不能"池凿四方"，在"十亩之地，开池者三，曲折有情"，"立基先究源头，疏源之去由"，"疏水若为无尽"。也就是说，水面和源流要呈自然形状，造成蜿蜒曲折如若无尽之态。水必须流通，要能"万壑流青"。在"曲水"中，计成不赞同"上置石龙头喷水者，斯费工类俗"。他说，"何不以理涧法，上理石泉，口如瀑布，亦可流觞，似得天然之趣。"计成特别强调的就是"天然之趣"，坚决反对"费工类俗"的死板做法。

他极其反对那种矫揉造作的做法。他认为，"夫理假山，必欲求好。要人说好，片山块石似有野致。苏州虎丘山、南京凤台门，贩花扎架，处处皆然。"这种像花农绑扎架子，强为造作的不自然状态，他都认为是败笔，都是俗不可耐的。

计成的"天然之趣"、"野致"，用今天的话来说，就是自然状态，还自然的本来面目。但是，他承袭着中国古典园林的建造传统。那些园林占地都不可能太大，周边环境也不可能太好。要在有限的范围内，客观存在的环境下，造就师法自然的园林。他采取了"因"和"借"的手法，将地基的自然条件充分调动，再尽可能多地借用周边环境，创造出良好的"天然之趣"和"野致"。

但"宛自天开"并不是纯自然主义，计成还有更进一步的做法是"稍动天机，全叼人力"。他以自然风景为模仿对象，按照荆关画意进行造园。而荆关笔法山水画本身便是写意画，是将天然存在的山水，提炼加工再进行艺术创造而成的，是高于自然的意境画。计成以这种画意造出的园林，就必然要既仿自然又高于自然山水，成为意境园林。难怪曹元甫将仪征"寤园"说成"借问西京洪谷子，此图何以落人寰"。

中国古典园林那"一勺而江湖，一石而高山"的意境，在文字中是无法说清的。计成自己说，"然物情所适，目寄心期，似意在笔先，庶几描写之尽哉。"郑元勋评价计成时说，"计无否之变化，从心不从法，为不可及"，"使顽者巧，滞者通，尤足快也"，"予终恨无否之智巧不可传"。

以意境为主题的园林，计成是给士大夫好事者建造的，而不是给市俗之辈建造的。这些主人正如郑元勋那样"胸有丘壑"者，"自负少解结构"，且能诗能绘者，在游于斯居于斯时，"目寄"而要"心期"，要有能够眺远高台，搔首问青天，凭虚登阁，举杯邀明月的情怀，才能"歌余月出"，"仙仙于止"。

《红楼梦》中的贾宝玉游"大观园"时说，"此处置一田庄，分明是人力造作而成。远无邻村，近不负廓，背山山无脉，临水水无源，高无隐寺之塔，下无能市之桥，悄然孤出，似非大观……古人云'天然图画'四字，正畏非其地而强为其地，非其山而强为其山，即百般精巧，终不相宜。"而计成所设计的园林，排除了曹雪芹假宝玉之口说的诸多"不相宜"，而是山有脉水有源，周有山、廊、佛寺、梵宫，有通市之飞梁，有可邀饮之邻曲，斯真为名副其实的"天然图画"，"虽由人作，宛自天开"。

## 三、营造与自然亲密接触的人居环境

历史的长河滚滚过去了几百年，人类对自然环境的开发利用，创造了越来越丰富的物质文明，也带来了越来越严重的环境问题。今天，特别是经济发达地区的过度开发，纵目四望水泥钢筋构建充斥城市。马路两旁除了水泥就是玻璃，路面上除了水泥便是沥青。人们把这称之为冰冷的世界。生态环境的恶化，青山绿水不再，蓝天白云少有。天空乌蒙蒙，地上灰沉沉。现实环境迫使人们呼喊着要物质文明，也要青山绿水；要宁静不要噪音……理智正常的人都愿意在山明水秀、绿树成林、鸟语花香的大自然中生活，那里是人类的发源地，那里才是人类的发祥地。

有识之士开始提出，人类要回归自然，要竭力对城市现状进行改变，大搞绿化美化，增加城市绿地，进行环境整治，要保护环境，营造出最适合人类居住的环境，营造出最适合人类的朋友居住的生态环境。现在，保护环境和环境保护已成为全人类的共识，强烈显示出人类需要重新与自然紧贴，与人类的朋友亲密共处的欲望。

我们如果把计成《园说》所描绘的画卷展示开来，看到的完全是一派回归自然的美妙人间仙境。

那"千峦环翠，万壑流青"，"繁花覆地"，"门湾一带溪流"的山林；那"门掩无哗，开径逶迤，竹林遥飞叠雉"，"虚阁荫桐，清池涵月"的城市幽胜处；那"堂虚绿野犹开，花隐重门若掩"，"桃李成蹊，楼台入画"的村庄；那"平冈曲坞，叠陇乔林"，"溪湾柳间栽桃，屋绕梅余种竹"的郊野；那"竹修林茂，柳暗花明"的宅旁；那"深柳疏芦之际"，"悠悠烟水，淡淡云山，泛泛渔舟，闲闲鸥鸟"的江湖畔。何处不是使人"醉心即是"、"烦顿开除"的良好人居环境。

计成所设计的园林，以满树繁花、荫槐挺玉、泉流石注互相借资；以梅兰竹石、白萍红蓼、麋鹿朱鱼作为伴游。看晓风杨柳，听夜雨芭蕉，去竹坞寻幽，坐凉亭浮白，饮冰调竹树，偎暖阁煮雪。四时八节多种多样的人与自然紧密交流的环境，赋予自然景色强大的生命力，致使人景相融，产生"好鸟要朋，群麋偕侣"，"莳花笑春风"，"林鸠唤雨"，"岸马嘶风"的意境，不难产生出举杯邀明月，"迎先月以登台"，临流观游鱼，子非鱼孰知鱼之乐的忘情之举。醉心即是，知享是福。生活在这种园林中，谁不会醉心，不感觉到享受即是幸福。

虽然，计成的设计是承袭并发展了历代隐士文人私家园林的传统，是为隐士文人们设计构筑的，但是丢掉其外壳而留存其合理的内核，就是"虽由人作，宛自天开"的仿自然生态环境。在物质文明高度发达的今天，人类所追求的正是这种生存环境。现在，这种环境还只是正在营造之中，远远没有达到，有的地方还只是可望而不可即的蓝图。

这便是我们之所以深深怀念计成的原因。

**（沈春荣　沈昌华）**

# 计成《园冶》的文学艺术

　　明万历十年（1582），吴江出了位园林建造、设计的能人计成，"少以绘名，性好搜奇"，"游燕及楚，中岁归吴，择居润州"。后为人建造、设计园林，并将"胸中所蕴奇，发抒略尽"。难能可贵的是写下《园冶》一书，终使奇才妙文流传于世，成为吴江文化中的一枝奇葩。

　　一、《园冶》一书，不仅展现其完整深刻的造园思想，并在"三分匠、七分主人"之谚中提出"能主之人也"的观点，园林巧于"因"、"借"，精在"体"、"宜"，都在于得人，得有艺术创见的设计制造者；而所有这些主导性的思想以及具体化的各类设计建造，还有赖于计成在《园冶》中以独特、优美的文学语言表述。虽为一项专业书籍，却也别具文采的一咏三叹，令人赞赏其文学艺术之美。

　　仅其卷一开篇《园说》，即将人引入一幅园林美景。"凡结林园，无分村郭。地偏为胜，开林择剪蓬蒿；景到随机，在涧共修兰芷。径缘三益，业拟千秋。"全是骈文对句。"凡结"对"无分"，"林园"对"村郭"；下一对句则是骈文标准的"四六句式"，立即将人引入传统美文的欣赏之中。"径缘三益，业拟千秋"作宏观的陈述。这是第一层次，寥寥几句，地偏为胜，景到随机，开径顺着梅、竹、石"三益之友"，建园则应有传之久远的观念。

　　下面细述具体的建筑内容："围墙隐约于萝间，架屋蜿蜒于木末。山楼凭远，纵目皆然；竹坞寻幽，醉心即是。轩楹高爽，窗户虚邻。纳千顷之汪洋，收四时之烂漫。梧阴匝地，槐荫当庭；插柳沿堤，栽梅绕屋。结茅竹里，浚一派之长源；障锦山屏，列千寻之耸翠。虽由人作，宛自天开。"文中或是七字对中的两字对："围墙"对"架屋"，"隐约"对"蜿蜒"，"萝间"对"木末"；八字对中处处对："山楼"对"竹坞"，"凭远"对"寻幽","纵目"对"醉心","皆然"对"即是"。其中"楼"对"坞",楼倚"山"则更可"凭远"、"纵目";坞聚"竹"则愈显"寻幽"、"醉心"。六字对:"纳千顷之汪洋,收四时之烂漫";下面四六句式对中,又与前面的"山楼"与"竹坞"隔句引用再对:"结茅竹里"对"障锦山屏";最后是四字对:"虽由人作,宛自天开",无处不成对句。而且引用适当,"山楼"可"凭远","竹坞"宜"寻幽";"山楼"当"纵目","竹坞"乃"醉心"。"插柳"是"沿堤","栽梅"是"绕屋";且动宾结构,完美无缺。句式中构成七字对、八字对、四字对、四六对,起伏有致,抑扬顿挫。

中间列举描绘了造园各种选择景象,达到"静扰一榻琴书,动涵半轮秋水。清气觉来几席,凡尘顿远襟怀"。几席上似觉清气袭来,襟怀中顿若俗尘远去。最后提出:"窗牖无拘,随宜合用;栏杆信画,因境而成。制式新番,裁除旧套;大观不足,小筑允宜。"强调随宜合用,因境而成,有新意除旧套。这些不拘泥的笔法体现计成对于造园艺术的洞悉与感悟,而优美的骈文,信手拈来,自然成对,可见计成对园林艺术、文学艺术烂熟于胸,运用自如。深得中国古典文学语言雅致精炼之精髓,韵味无穷。

整个小序,组成优美的骈句散文,且有的四字句自对,组成八字句也对。无论是"纳千顷之汪洋,收四时之烂漫",还是"虽由人作,宛自天开",或者"静扰一榻琴书,动涵半轮秋水。清气觉来几席,凡尘顿远襟怀",处处显现出计成的文学造诣和对于园林理解的胸有成竹,也使园林艺术的美景与文学艺术的美文相得益彰。至于常见的"赋、比、兴",融入《园冶》骈文中,更是随处可见。

二、计成在短短的开篇《园说》中,还以优美的文学语言表达了对造园的三个观点。第一,"凡结林园,无分村郭,地偏为胜,开林择剪蓬蒿,景到随机,在涧共修兰芷。径缘三益,业拟千秋。"第二,建园"虽由人作",应"宛若天开"之自然。第三,"随宜合用,因境而成;制式新番,裁除旧套。"是寓观点于散文中,让人们在随文阅读中无意领会到其旨意。不生硬,不单调和程式化,而仍以骈文雅致地作表达,有的在开头,有的在中间,有的断后作结论。这也是我们作评论者应效仿的地方,写论文用词尽可优美,形式也可活泼,何须教条主义,不必板起面孔。

三、计成通过娴熟的文学语言,写出其造园修养及悟性。如相地篇:首述"园基不拘方向,地势自有高低;涉门成趣,得景随形,或傍山林,欲通河沼。探奇近郭,远来往之通衢;选胜落村,藉参差之深树"。相地似乎很简单,不拘方向,自有高低,"方向"对"高低",看似都很随意,实际包罗万象。进入园门即能兴趣盎然,得景于随地势地形,或依傍山林，或沟通河沼。探奇于近郊，须远离往来的大道；选胜于村庄，应利用参差的密树。对于在近郊或村庄建园的相地要点作了简略的记述。计成以对句进行分析，便立见有不同之处的区别。至于"新筑易乎开基，只可栽杨移竹；旧园妙于翻造，自然古木繁花""卜筑贵从水面，立基先究源头""临溪越地，虚阁堪支；夹巷借天，浮廊可度""驾桥通隔水，别馆堪图；聚石垒围墙，居山可拟"以排比列举事例，其中八字对句中的"临溪越地"、"夹巷借天"既相对，四字句中又有自对。每个字都恰到好处地发挥了作用。相地篇的结论是"相地合宜，构园得体"，既讲道理，又是对句。

相地篇后面，计成分别对山林地、城市地、村庄地、郊野地、傍宅地、江湖地建造园林提出自己的见解，其中不乏精彩之句。如山林地："千峦环翠，万壑流青。欲藉陶舆，何缘谢屐。"城市地："足征市隐，犹胜巢居，能为闹处寻幽，胡舍近方图远；得闲即诣，随兴携游。"村庄地："围墙编棘，窦留山犬迎人；曲径绕篱，苔破家童扫叶。"郊野地："风生寒峭，溪湾柳间栽桃；月隐清微，屋绕梅余种竹。"傍宅地："五亩何拘，且效温公之独乐；四时不谢，宜偕小玉以同游。"江湖地："何如缑岭，堪谐子晋吹箫；欲拟瑶池，若待穆王侍宴。寻闲是福，知享即仙。"计成不仅写出造园之技巧，更写出文学艺术的造园情趣。这是造园的灵魂、主题所在。非计成《园冶》之纵横肆行，难得真经。

四、计成《园冶》中多处以对句用典，足见其学识之广。在借景篇中有"《闲居》曾赋，'芳草'应怜"（西晋潘岳《闲居赋》中有"灌园鬻蔬，以供朝夕之膳，是亦拙者之为政也"，即苏州拙政园造园取名之意。芳草喻有德之人，见屈原《楚辞》）"风生林樾，境入羲皇"。（羲皇，即伏羲，传说中的中华民族人文始祖，指上古先民无忧无虑的生活，源出东晋陶渊明《与子俨等疏》："常言五六月中，北窗下卧，遇凉风暂至，自谓是羲皇上人。"）相地篇山林地中"欲藉陶舆，何缘谢屐"。（指陶渊明晚年游山乘坐用竹编的篮舆；谢灵运登山时穿的带齿木屐，事见《南史·谢灵运传》："登蹑常着木屐，上山则去其前齿，下山去其后齿。"俗称谢公屐。）相地篇傍宅地中"宅遗谢月兆 之高风，岭划孙登之长啸"。（宅居应存谢月兆之高风亮节，园处而效孙登之高雅情怀，出典《晋书·阮籍传》。）例不胜举。精练的文学对句中，含有深厚的人文典故和计成的人文情趣。

在计成《园冶》中，通过用典，借事抒发自己的兴致和情思，用典意在言外，多处显现其思想感情和哲学思想。如景与情，在造景中都与情相连，景离不开情，情中之景，景中之情，既是历代造园者（大都是文人、官宦）隐居、安乐旨意所在，也是计成《园冶》中的志趣所在。计成在意象和意境中作了描述。"纳千顷之汪洋，收四时之烂漫"，是"纳时空于自我"的道家思想，也是造园艺术中借景表意抒情常用的手法，中国造园艺术哲学的传统思想。

五、作者计成之所以能写出如此精妙经典的《园冶》，有其缘由。通常制作者或缺少文化基础、文学才情，即使蒯祥能官至工部右侍郎，也无著作；真正的文人，或许缺少造园的基本才能，即使文震亨能写出《长物志》，与《园冶》的集大成也不同。计成精通绘画，擅长诗文，并亲自创建过园林，对造园有独特的心得，这就使其著作《园冶》有着独特的文学语言艺术，意出高风，境生古雅。计成在《园冶》中的文学艺术色彩斑斓，词藻华丽，骈四俪六，锦心绣口，用典较多，以骈体文记载造园艺术，使一般的专业技艺书上升为文学艺术之作。据其简历，曾游燕及楚，豪放豁达，与社会上层钱谦益、阮大铖辈交往，出入富商郑元勋、汪士衡之门，并受到他们的礼遇赞赏。人以群分，可知计成《园冶》文学功夫由来深厚。能将园林之说与文学艺术如此结合，相得益彰，可谓罕见。这与计成的文学基础、游学经历、修养悟性、交友层次密切相关。计成《园冶》之作，可谓中国园林艺术与文学艺术完美结合之杰作。

历史上造园高手中能著作者极少，明周时臣、清戈裕良叠石之工世所称赞，然而人亡艺绝。计成著作《园冶》，难能可贵。唯有人文足千秋，计成成功哉。

（林锡旦）

# 园林的遐想

前几年吴江创建国家园林城市的时候，有领导建议建园纪念计成，于是在松陵垂虹遗址公园里有了计成纪念馆。

2012年6月的一天，为更好地了解计成，我独自游荡在计成园里，读着计成，与古人对话。纪念馆三个展厅，介绍了计成的生平、《园冶》的成就、中国的园林，我随着展板，进入了一个园林的世界，也引发了我的一串串遐想……

一

建筑大师戴念慈先生有这么一句话：园林和建筑一样，都是人类为改造自身生活环境所作的一种创造性活动。

仕与隐是中国士人生命的两大主题。苏州人文荟萃，出了一大批状元、进士，于是也就出了一大批官员。读书是为了做官，但同时总有些孤高的文人或主动或被动地选择逃离官场。苏州又是个被称为"天堂"的城市，于是当这些官员不如意的时候，就会回乡隐居，一隐居往往就会隐出一个园林，那些解职的文人以独具匠心的艺术手法在有限的空间内点缀安排，移步换景，变化无穷，利用有限的空间，表现出隐逸的山水文化趣味，那些园林是文人生活的一种方式，园林实现了他们诗意栖居的审美意图，"江南园林甲天下，苏州园林甲江南"的美誉就问世了。

园林同样也遍布于吴江，虽然大部分都已被淹没在历史的长河中，然而这些园林的名字，也犹如灿烂的明珠，串起了吴江园林的永恒的记忆。

松陵镇有瞿庵、盘野、小潇湘、谐赏园、流觞小榭、一枝园、共怡园、翠娱园、鸭漪亭、芳草园……

同里镇有水竹墅、万玉清秋轩、水花园、盘窝、西柳园、退思园、复斋别墅、环翠山庄、罗星洲……

盛泽镇有目澜洲、仲家园、徐园、西村别构、秀园、西园、窦峰园、先蚕祠、折芦庵……

黎里镇有王氏园、五峰园、端本园、五亩园、古芬山馆、七峰园、且园、开鉴草堂……

平望镇有淡虑园、哑羊园、采柏园、八慵园……

震泽镇有复古桃源、康庄、东园、锄经园……

吴江对外宣传，一句广告语："上有天堂，下有苏杭，苏杭中间有吴江。"两个园林：世界文化遗产退思园，江南第一私家园林静思园。静思园园主陈金根有这么一句话：当今时代已经发生了翻天覆地的变化，造园的立意不再是"归隐"，而更多的是一种积极的"张扬"，它的背后体现着更深刻的人文精神，一种挑战与跨越的实现过程。

## 二

吴江园林的背后，隐藏着一个个文人的身影——王份、黄由、叶茵、顾大典、史鉴、周元理、陈鹤鸣、陆龟蒙、袁龙……同样，也隐藏着一个个耐人寻味的故事。

退思园与静思园的故事，吴江人几乎是家喻户晓了。到退思园少不得要听讲解员介绍一遍园主任兰生的宦海沉浮史。说这任兰生早年因镇压捻军有功，授资政大夫，赐内阁学士，任安徽凤颍六泗兵备道，兼淮北牙厘局及凤阳钞关之职。光绪十一年（1885）被劾削职。落职回乡后，花十万两银子建造退思园。两年后经张曜、曾国荃两重臣保奏，凤颍六泗士绅联名上书，得以捐金复职，后因生股疮卒于任上。去静思园，总会听的故事，静思园镇园之宝，曾被上海大世界基尼斯评为"灵璧石之最"的庆云峰。早在宋徽宗造"艮岳"时，庆云峰就被发现，但因为挖掘和运输条件的限制而未成。清乾隆皇帝为母做寿，四处征石，也曾挖掘这块石头，同样没有成功。陈金根八次到灵璧，与当地石农用古人堆土填石之法，"日升数寸"，历时三年，才使巨石得见天日。为了将庆云峰运回吴江，陈金根出资筑路5公里，造桥2座，并动用了原苏联运送运载火箭的25米超长平板车以及建造上海杨浦大桥的吊车。白天车多难行，只能等到午夜车少时启运，风雨兼程55个昼夜，终于把巨石安然无恙地运抵静思园。

值得一提的，还有盛泽目澜洲、平望八慵园、松陵谐赏园和黎里端本园。

使目澜洲闻名的是明初书画家沈周。沈周第一次来目澜洲，见到洲上有一座名叫骨池庵的小庙，觉得称目澜洲不通，遂改名为木澜洲。有个乡绅知悉后，就写了一首竹枝词反诘："骨池庵里驻名流，诗卷曾向玉带留，为恐观澜心不静，故名题作木澜洲。"沈周再次来到目澜洲，慢慢地浏览，细细地品味，水景之美激起了他的情感："开洲水中央，四面水如镜。忽然微风起，澜生水不静。……"遂了解前人起名的用意，重新改为目澜洲。

让平望八慵园出名的是杨乃武与小白菜一案。八慵园主人吴迈英原是画家，在上海滩也有点名气，后用买画的钱购进十亩地造了八慵园。花园里亭台楼阁一应齐全，据说在清末，杨乃武、小白菜从浙江余杭解送进京，路过平望过夜，当地官员就在八慵园大美堂里接待，吴迈英的下一代没有官职不能接待，于是官府就给虚设了一个"七品"官衔。

给谐赏园文脉的是昆曲吴江派。园主顾大典自免归，居乡蓄声伎自娱。沈璟经常到谐赏园，与顾大典交流戏曲。他们常自按红牙度曲，诗酒流连，作香山洛社之游。吴江的戏曲由此成名，当时在沈璟的旗帜下，聚集了许多有名的昆曲作家，这些人大都是沈璟的朋友、晚辈等，形成了吴江派作家群。这些人主要有苏州人冯梦龙和袁于令，浙江余姚人吕天成和叶宪祖，上海人范文若，吴江人沈自晋等。

那端本园，更是有耐人寻味的故事。园主人陈鹤鸣担任沧州道通判。有一天在官府，月下饮酒，眼前梦幻般地出现了家乡太湖的香莼，顿时一阵感慨：这几年在这里做官，头发却是已经像雪一样斑白了，为什么还要追逐红尘老死在这官位上呢？于是产生了"传舍何如早挂冠，病僧岂得仍持钵"的想法，不久他就高车驷马回乡安居。乡人只知道张翰思念家乡的莼鲈而辞官归乡，却不知还有个陈鹤鸣也是同样情景。

陈鹤鸣回到家乡凿池垒石造起了端本园。端本园又有"郡马府之称"，因为陈鹤鸣的次子陈绚文由太学授雅州府任副职，满州正白旗副都统、清宗室永豪杰爱其才，就将女儿嫁给了他，给端本园带来了荣耀。然而，陈鹤鸣三儿子因祸受刑，给端本园带来了悲哀。就在陈鹤鸣隐居消闲，安度晚年之时，遭到了灭顶之灾：自己银铛入狱，家被抄，田园房屋都被充公拍卖，陈家老小是大哭小叫，一片狼藉。从此陈家就败落了，这端本园也就萧条了。直到一年后皇帝开恩，陈鹤鸣又回到了家，从陆家和卜家赎回了房屋和田地，开始重建家园，经过修葺，园内又旧貌变新颜。现在端本园的遗迹还在，特别是亭子还在，这是吴江唯一的有历史遗存的亭子。我前几年去看的时候就有倒塌的危险，我想，与其造一些假古董，还不如好好地将这一个真古董保存好。

# 三

　　吴江的造园艺术，是吴江地域文化中重要一分子，而让吴江造园艺术闻名于世的，是一个人和一本书。

　　一个人是明代造园家计成。

　　在2000年的时候，我为写《思鲈石》，曾走近过计成。

　　在同里镇，出耕乐堂，过会川桥，可以看到一幢石库门的二层楼房，门上有砖雕，房屋的墙壁已很陈旧，一片斑驳。门口有一块牌子，写着：计成故居。

　　有关计成的出生地，他自己记载是松陵人，松陵也可以作为吴江的代名词，清代王鲲的《松陵见闻录》、王树人的《松陵文集》和凌淦辑的《松陵文录》收集的都是全吴江的诗文，记载的也是全吴江的事。当今园林界的泰斗陈从周教授曾在"文革"前来过同里，认为计成是同里人。我曾去同里走访过计孝余先生，因为听人说他是计成的后代。

　　在新填街底找到了计孝余。在他那儿，我听到了一些计成是同里人的说法：计孝余的父亲计志中，祖籍同里，后来到上海工作，抗战前，曾在上海商务印书馆工作过，与叶圣陶先生共过事，计孝余说他父亲1932年左右在上海创办了新中国书局，过两年，又创办了上海沪江图书公司，抗战爆发，他父亲去了江西，在吉安和赣州办了沪江图书公司分店，深得叶圣陶器重。新中国成立后叶圣陶在当人民教育出版社社长时，又请叶志中到人民教育出版社工作。他父亲曾跟他说过，叶圣陶曾提及，计成是他们家的祖上，也就是说计成是同里人。虽然计孝余说现在计成故居的房子是他姑母典来的，也就是出一笔钱暂买来作居宅，然而挂了计成故居，又有计姓人的说法，就认为计成是同里人。

　　后来沈昌华老师告诉我，计成应该是松陵人，这是计成自己确认的，至于松陵的含义，小则为松陵镇，大则为吴江县，不能确定为同里人。建园纪念计成，沈老师与沈春荣、薛群峰参与了文稿的起草，他们也采访过计孝余，计孝余一支是计成的后代没有什么文字资料可考查，计孝余的弟弟讲叶圣陶先生与他父亲同事时说的话，可能是开开玩笑的。他还记得计孝余的妹妹计孝秋说的话，"这种没有影子的事，我根本不知道。""我们不要去编故事，也不需要扬什么名气，造出来的事总归要穿帮的。"计家在同里没有房子，连目前的房子也是其姑妈典的别人的房子，这房子是清代建的，不可能是计成故居。

　　经他们考证，计成纪念馆的前言中也表明，计成出生在松陵。

# 四

造园艺术与美术有着密切的联系，造园家往往也是美术家。19世纪末20世纪初英国造园家，工艺美术造园的核心人物格特鲁德·杰基尔，1843年出生在英国伦敦一个富裕的艺术家庭。1861年在英国的肯特郡学习了绘画的色彩理论，其中的色彩构成理论和印象主义方法大大启发了她的设计灵感，她的绘画艺术体现在植物配置的颜色规划方面。

中国的造园艺术在风格、审美、情趣的表达上，同样与绘画有着密不可分的联系，都是以自然山水为主要的素材，并且同时遵循传统的自然美学观念，甚至有"绘画乃造园之母"的理论。吴江的世界文化遗产退思园的建造者是同里人袁龙。袁龙幼承家学，好读书，他没有求取功名，而是潜心诗词、书画、篆刻、考据之学，以授徒卖画为生，每画必题自作诗词或集句，他的住宅后面自建小园，名"复斋别墅"。以粉墙作纸，用黄石叠成壁山，疏栽竹木，酷似倪瓒平远小景。园中亭馆窗腹，袁龙均亲手雕刻书画。同里人金松岑爱他的诗画，曾经广为收罗。

计成在成为造园家之前，也是个画家。

计成字无否，自号否道人，幼年聪明毓秀，性喜山水风光，园林名胜，爱作诗作画，画作颇有五代山水名家荆浩、关仝的笔意。

荆浩、关仝都是中国五代画家。荆浩是士大夫出身，擅画山水，常携笔摹写山中古松。所作云中山顶，能画出四面峰峦的雄伟气势。自称兼得吴道子用笔及项容用墨之长，创造水晕墨章的表现技法。关仝画山水早年师法荆浩，刻意学习，几至废寝忘食，在山水画的立意造境上能超出荆浩的格局，而显露出自己独具的风貌，被称之为关家山水，也被评介为山水画史上一位划时代的伟大画家。从这可以表明计成的画造诣也是不凡的。

计成早年曾游于燕、楚等地，在中年定居镇江，镇江四围山水佳胜，而他的造园起于一次偶然。

他在镇江游历之时，看到有几个人把形状奇巧的山石，布置在竹木之间，叠成假山，不伦不类，毫无景致，便不禁失声发笑。有人问："为什么笑？"他说："听说有'真'的就有'假'的，为什么不模仿真山的形态，怎么可以像迎春神时将拳头大的石头堆积在一起呢？"旁人以为他出大语，叫他当场试试。计成二话没说，手起石落，几下堆叠，一座有嶙峋之势的壁山即刻而成，众人叹服不已。见到的人都说："居然像一座好山。"自此以后，计成"叠山"的名声遍布镇江，他也就开始造园。

# 五

计成投身于造园，但留下的园林并不多，有记载的就是常州环堵宫、仪征寤园和扬州影园。

武进有位吴玄（字又予），是万历进士，做过江西布政司参政，他在城东得到一块面积十五亩基地，是元代宰相温迪罕秃鲁花的旧园。吴玄闻得计成名声，就找到计成请他来造园，对他说："其中用地十亩，建筑住宅，其余五亩可仿效宋温国公司马光？在河南洛阳所筑独乐园的遗制造个园林。"

计成答应了，他观察了这块基地，形势很高，追求它的水源又很深，还有乔木高耸，上干直冲云霄，虬枝低垂，下拂地面，就谈了自己的想法："在这里建造园林，不但要叠石变高，还应该挖土变深，配合着古树上上下下地高踞在山腰，屈曲的树根嵌补山石，好像一幅图画，沿着池旁的山上，构造亭台，疏疏落落地影入水面，并加上回环的洞壑和飞渡的长廊，境界之美使人出乎意想之外。"吴玄采纳了计成的建议。这园除了山水亭台外，还有建筑，规模不大，但计成把胸中所孕育的不凡构思充分发挥出来了，园既落成。吴玄十分满意地说："从入门以至出园，虽仅步行四百步，但江南胜景尽收眼底了。"这园林取名"环堵宫"，也有人称为"东第园"，计成第一次造园名声大噪。后来，又有江苏仪征的中书汪士衡请计成去营造花园住宅，称为寤园。

计成造的最有影响的园林是影园。影园是郑元勋的私家园林，建于崇祯八年（1635），曾被誉为扬州第一名园，位于现在的扬州荷花池公园内。影园建园之前三年的崇祯五年（1632），董其昌路过扬州，郑元勋与之切磋画艺，谈论六法，并请董其昌题写影园之名。后，又有倪元璐、陈继儒等名家题匾。更重要的，影园是由计成设计并指挥施工的，是他的封山之作。吴江还没有发现计成造的园林，而镇江和仪征的园林只能在史书中找到记录，只有影园是唯一有遗迹可考的计成园林作品。

影园建成后，郑元勋很是满意，对计成更是钦佩，他写了《影园自记》。这篇自记详尽地记述了计成精心建造的影园，成为后人解读计成园林作品的重要文件。一次园中一株硕大的黄牡丹绽放，元勋大喜，宴请宾客，于花前品赏赋诗。又将所得900首律诗寄予文坛领袖钱谦益，请他评定等次。夺魁者得金觥一对，内刻有黄牡丹状元字样，一时传为盛事。影园后因战事而毁，梦幻之景，已为历史尘埃湮没。

盛世造园是我国的传统说法，改革开放以来，经济和社会大力发展，人们对于居住环境要求越来越高，园林已经成为继建筑质量、地段、概念之后的重要诉求点，造园也成了一门话题。

2000年，扬州市把重建影园列为园林重要工作目标。项目由中国工程院院士、全国风景园林界泰斗潘谷西教授担任专家顾问组组长。现以"柳影、水影、山影"三大特色著称的"影园"重新与游客见面。断壁残垣，悠悠青草，重建的"影园"遗址，其风貌已初见端倪。让游客的思古之情油然而生，也让计成这位伟大的造园家在这里重生。

## 六

计成以毕生精力撰写了《园冶》一书，成为我国园林艺术的经典。计成的造园艺术在世上产生了很大的影响，产生影响的原因，不只是他造的园林，更主要的是他写的造园的书《园冶》。

计成的《园冶》一书的出现，有着一段不平常的经历。我最早是从陈植教授注释的《园冶注释》中，知道了《园冶》的故事。

计成将自己的造园心得，整理成了图式文本，题名《园牧》。那《园牧》怎会改成《园冶》呢？这里面也有一个故事，当时安徽著名文人曹元甫来仪征参观汪氏花园，汪士衡叫计成陪曹元甫在园中盘桓，并留曹元甫在宅中过夜。曹元甫对汪氏花园结构赞不绝口，认为看到的仿佛是一幅荆浩、关仝的山水画，他问计成，能不能把这些方法用文字叙述出来呢？于是，计成就将自己所作的《园牧》给他看，曹元甫看了，深深为图文并茂的文稿吸引住了。两人便坐在一起，促膝长谈，曹元甫指着《园牧》对计成说："这真是千年以来没有听到的，为什么叫作牧呢？这是你的创造嘛，应当改称为'冶'。"计成欣然应允，对原稿加以整理，配有了各种描图235幅，正式命名为《园冶》，于明崇祯四年（1631）定稿。

明崇祯五年（1632）前后，汪氏花园来了一个人，就是曾任光禄寺卿的阮大铖。这阮大铖是安徽人，为魏忠贤的党徒，明天启七年（1627）御史毛羽健劾其媚事魏忠贤而被罢官，崇祯二年（1629）名列逆案，后赎罪为民遣回故里，不久迁居南京。阮大铖虽然人格低劣为世人唾骂，但其才学却声名颇大。南京离仪征不远，他偶然雇一小船，到了仪征，驶往寤园柳淀之间住了两宿，觉得非常安适，感到这园将所有幽美的丘壑都罗列在了篱落之间，使园林之胜、菽水之欢兼而有之，不必外求了。顿时乐而忘返，还即兴写了《宴汪中翰士衡园亭诗》，其中有句发出如此感慨："神工开绝岛，哲匠理清音。一起青山寤，弥生隐者心。墨池延鹊浴，风篠泄猿吟。幽意凭谁取，看余鸣素琴。"他在这里，领略了园林风光，听说了这造园者是松陵计成，也看到了计成的书稿《园冶》。他对计成十分推重，曾作《计无否理石兼阅其诗》："无否东南秀，其人即幽石。一起江山窟，独烟翀霞格。缩地自瀛壶，移情就寒碧。精卫复摩呼，祖龙逊鞭策。……"

阮大铖对《园冶》一书十分钦佩，他把书稿带走，后来由安徽人刘炤手刻，于崇祯七年（1634）出版，阮大铖为该书写了序。其中有曰："无否人最质直，臆绝灵奇，侬气客习，对之而尽。所为诗画，其如其人。"计成《园冶》成书，得益于阮大铖的帮助。但也因阮大铖的插手，计成被看作"阮氏门客"遭人白眼，《园冶》一书也被打入冷宫。然而，《园冶》的艺术成就是抹不掉的，它的出版，引起了国外园林艺术家的重视。

《园冶》一书不知何时传到了日本，引起了日本园林界的重视，1916年，日本首先援用"造园"为正式学科名，并尊《园冶》为世界造园学最古名著，这是世界科学史上我国科学成就的光荣一页。

1921年，陈植教授在他的老师、日本东京帝国大学教授造林兼造园学权威本多静六博士处，见到《园冶》一书。

陈植教授回国后，在国内各地求购，但遍觅不得。1931年，陈植教授在中央大学农学院讲授造园学时亟待参考，曾函请日本东京高等造园学校校长上原敬二博士雇人代录，因"一·二八事变"而中止。这时。有位叫朱启钤的先生搜集到《园冶》残本，补成三卷，由陶兰泉先生搜入《喜咏轩丛书》内，印行问世，而阚铎又参阅日本内阁文库内该本藏本，校正图式分别断句，第二年（1932年）由中国营造学社付印出版，方便阅读。新中国成立后，《园冶》一书亦引起了新中国园艺界的重视，1965年《园冶》重刊问世，是新中国第一次出版《园冶》，为学术界、建筑界、艺术界所重视，1982年，计成的400年生辰，全国专门召开过计成与《园冶》的研究会。

此后，《园冶》的研究者后继有人。

七

就在2010年6月份，我在苏州会议中心相遇了《园冶图说》的作者赵农教授。

这是次机遇。因吴江市文明办《知我吴江》文稿事我去找沈昌华老师，说起要写计成文章的事。在讲述计成故事的时候，他说赵农教授在苏州讲学，我就很想见这名专家。

赵农先生是西安美术学院史论系主任、图书馆馆长、教授、博士生导师。2002年，他应山东画报社之约，出版了《园冶图说》，后来再版，薛群峰先生曾赠我2010年第二版。

23日下午，我赶到了苏州会议中心，沈老师与群峰先生已在那里。一见面，自然说起了计成，说起了《园冶》，也说起了吴江。赵农教授说，计成这样的读书人，主要是实在，注重于实际的研究，当时吴江出现了计成及光学专家孙云球、水利专家沈启等"实学"代表人物，绝不是偶然。山东画报出版社出版《中国古代物质文化经典图说丛书》，《园冶》与《长物志》《天工开物》等列入其中。他兴奋地谈道，《园冶》在学术界很有影响，一是他的造园成就，二是他的特殊遭遇，三是他对世态的认识。我对造园不甚了解，对《园冶》的认识更是浅，认真地听他讲。谈论间，谈到了计成名言"愧无买山力，甘为桃源溪口人也"，计成无力入桃源成为真正的隐士，只能够在溪口窥望一番而已，这不是他的自谦，而是他的大实话，也是他的人生感叹，是思想境界的寄托，是清醒人生的一面镜子。

崇祯七年（1634），计成为郑元勋造园后不知下落，隐逸了？回松陵了？不得而知，以至后来无法了解他的最终归宿，他的去世年份没有记载，遍寻明清地方志书，也没有他的名字，于是演绎出了种种推测。归隐是旧时文人理想的一种闲散生活，但说起来容易做起来难，计成的兴趣和志向不在仕途为官，而在闲适自在的隐居生活，他是真正归隐了。什么都是身外之物，名声也都是身外之物，人生是否有意义，衡量的标准不是外在的成功，而是对人生意义的独特领悟和追求。

赵教授还给我们讲了这么一件事，说明《园冶》的声誉：他有个学生去听清华大学建筑学院吴良镛教授的课，吴良镛教授是城市规划及建筑学家、教育家，长期致力于中国城市规划设计、建筑设计、园林景观规划设计的教学、科学研究与实践工作。吴教授在讲课前先拿出一本书，说这本书很重要，大家不得不看。吴教授拿出的这本书就是计成的《园冶》。

回到吴江，我的心久久不能平静，还在想赵教授的谈话。我翻出了以前购买的武汉大学教授、旅游管理专业博士生导师张薇女士著的《〈园冶〉文化论》，专门有一章，就是《〈园冶〉文化内核层》，说《园冶》正是以丰富的理论观点及其哲学思想，把古典宜居环境即造园理论提高到了当时的最高峰。首先谈到的就是"天人合一"的宇宙观，说这也是《园冶》造园理论的灵魂。晚上，长岛先生送来了魏嘉瓒先生著的《苏州古代园林史》，第一章导论的第一节，标题就是《"天人合一"的中国园林》，他一开首就写道："'虽由人作，宛如天开'，这是我国明朝著名造园艺术家和理论家、吴江人计成在其所著《园冶》一书中对园林建造提出的总体要求。……它揭示了我国造园的哲学准则，即'天人合一'的中华传统文化思想。"

《园冶》是一本阐述造园理论的专著，它具有高远的意境，我不是园林家，更不是哲学家，不能深透地理解其中的涵义。但是，我知道计成是吴江人，《园冶》是吴江人写的书。我也明白不管做什么事，赢得最佳的天时地利与人和才能达到"天人合一"的至善境界。

我们现在建设和谐社会，建设乐居吴江，需要的不正是这种境界吗？

我回味着赵农教授《园冶图说》再版前言中的一段话："《园冶》数百年来被淹没，流失国外，数十年来的研读，都在建筑界的范围内，只是近年刚刚走进社会生活中。因此，还需要更多人解读、体味其中的含义。"

八

这几年，我们每年举办一次吴江文学讨论会，2012年，计成诞生430周年，于是一个主题确定了。

稿件主题：吴江园林与文学艺术；征集范围：面向全国对吴江园林研究的专家、学者及相关人员；征集内容：有关计成、《园冶》及吴江园林的相关论文。会议由吴江市文联与苏州科技史协会共同举办。在苏州科技史协会王晨会长办公室，确定了会议方案。

2012年12月21日下午，我随车去机场接来了王绍增教授等人。王绍增是《中国园林》杂志社主编、华南农业大学教授，一路上他向我介绍了11月23日至24日在武汉大学召开的纪念计成430周年诞辰国际学术研讨会暨中国风景园林学会理论与历史专业委员会筹备会议情况，这次会议由中国风景园林学会、武汉大学联合主办。来自中、英、法、日及澳大利亚等海内外知名园林专家共同探讨计成先生的学术成就和风景园林学科发展。会议是这样评价计成的：中国被誉为"世界园林之母"，在世界造园史上，独树一帜，给我们留下了许多宝贵的历史文化遗产。明末中国园林专家计成是中国造园史上举足轻重的人物，是杰出的古典风景园林理论家和实践家，其名著《园冶》无疑是这些丰厚遗产中的珍品，是系统研究造园的第一本理论专著，其研究早于欧洲第一本园林学期刊《园林杂志》，也先于法国的《造园艺术的理论与实践》。

计成的纪念会如此隆重是吴江的骄傲。可惜我无缘参加会议，后来得知会议通知了苏州园林局和同里镇，但他们都没派人参加。苏州职业大学的金学智教授与学生去了武汉，还在会上作了发言。为此，在我们的研讨会以前，我专门到苏州拜会了金教授，一是商议请他主编《计成印谱》一事，另邀请他参加我们的会议作专题发言。

苏州大学张澄华教授很热心，帮助联系《中国园林》杂志王绍增主编和杭州《人文园林》杂志主编陈静及苏州园林局的领导。

2012年12月22日上午，会议如期举行，北京中国现代文学馆研究员于润琦来了，西安美术学院赵农教授、吴昊教授来了，华东师范大学计设院院长朱淳，上海师范大学美术学院教授邵琦来了，《苏州古典园林史》的作者魏嘉瓒先生也来了。吴江人北京中国现代文学馆北塔先生也特意从北京赶来。

上午，吴江区委常委、宣传部部长周志芳致了欢迎辞后，王绍增教授和金学智教授作了主题报告，下午进行了交流发言，与会者发言很热烈，就计成、《园冶》和吴江园林进行了讨论，发言者观点鲜明，会后《吴江文学》出了研讨会特刊，收集了20篇论文，其中有吴江本地作者的文章6篇，《〈园冶〉书名英译之刍议》、《计成名、字、号与书名"冶"义》、《计成〈园冶〉与古代中国的造园美学》、《计成〈园冶〉的文学艺术》、《计成杰作——扬州影园》、《试论黎里园林的沿革与特色》、《浅论松陵公园的公共属性》、《吴江园艺的"三思"》……把吴江园林文学的研讨引向了深处。

计成是松陵的计成，也是中国的计成；计成是明代的计成，也是现代的计成……

**（俞　前）**

第三章
吴江名园

# 退思园

　　古镇同里，以其深厚的历史文化内涵铸就出退思园。2000年11月，退思园申报世界文化遗产的成功，使这座私家园林如一夜金染，横空而出，成为江南古镇的唯一。有幸到退思园一游的，无不被它的一奇二绝三珍所吸引，一为建筑布局的奇特，二为景致的绝妙，三为所藏之物的珍贵。

　　退思园建于清光绪年间，园主任兰生，是凤颖六泗兵备道，时遭人弹劾，落难归故里。设计者袁龙，深悉任兰生此时心境，在九亩八分地上，建造出集居家、待客、游玩、观赏于一体的天地，结构上便打破了传统的纵向为横向，自西向东，成了左宅、中庭、右园的布局，这为苏州园林仅有。独特的布局，结合建园耗资之巨，被当今世人评论有藏"富"之嫌。但从更深层次来看，退思园也仅仅是建造得高爽一些、设计得合理一些罢了，并未雕梁画栋、涂金抹银般的豪派。不是有"三年清知府，十万雪花银"之说，可见，一名朝廷三品重臣，即便仕途受挫之时，倾其十万两白银建造宅园，也谈不上"富"到须藏藏掖掖的地步。而故土难离又情难舍的园主，建园时不忘的恰恰是"待客"两字，从宅到庭再至园，每处都以高墙相隔，又置窗门相连。宅中主人和庭中客人，窗阖各有天地，主客两宜；门启自成一家，主客相娱。而园中亭、台、楼、阁、廊、坊、桥、榭、厅、堂、房、轩等景致一应俱全。难怪联合国教科文组织世界遗产委员会委派专家、日本奈良国立文化财研究所工学博士浅川滋男实地考察退思园后，说："这是一个杰作，它把水乡风光、庭园风光结合在一起，对它说来，是无愧于世界文化遗产的。"

　　退思园景致以精巧、耐读、移步换景著称，而最具绝妙的要数天桥和闹红一舸了。"天桥"古称复道，源于秦始皇阿房宫。它面就碧池，临空而出，飘逸渐上，西连辛台。辛台为早读暮耕之所，取意"唯有读书高"。

在1985年评选"中国十大风景名胜"时，专家们对一大沓送选的代表"苏州园林"特色景点的照片，唯"天桥"情有独钟，被列入"苏州园林"首选景点。1986年入选《人民画报》第一期"中国十大风景名胜"专栏，成为"苏州园林"最具代表性的园林景致；1991年该报第11期又以"水乡泽国话同里"为专题，全面展示同里水乡风貌和园林景致，再现"天桥"超凡卓著的风姿。

"闹红一舸"地处后花园最醒目处，这是园主寄情、好客的最好见证。闹红一舸是一艘静泊于花园碧池中央的石船，有船头船身，却无船尾。船周围傍以太湖石，似正乘风破浪时翻卷的朵朵浪花。船四周用活络的木质花窗装配而成，闭可挡风寒，启可纳凉消暑。此景为花园必摄之景，是退思园的象征景致。想那园主，如日中天的事业，突遭人弹劾，怎不让他牵挂那些曾赈济过的流落安徽的11万河南灾民，牵记亲自下令设立的育婴堂、牛痘局、戒烟局？园主与那方让他淌过汗、流过泪的徽土地之情，就似这艘石船，有头无尾、有始无终啊。两年后，园主官复原职，这年黄河决堤，日夜劳累的他，没等荣归故里，在闹红一舸邀友品茗赏月，就卒在了治理黄河的大堤上。

退思园的"三珍"，所指为退思草堂内的《归去来辞》碑拓、九曲回廊中的"石鼓文"以及伫立于池旁的"灵璧石"。一座小小的私家宅园，竟有三件镇园之宝，这在园林中是极少见的。

《归去来辞》碑拓，壁立于退思园草堂的后厅内，为元代大书画家赵孟頫所书。赵孟頫字子昂，号松雪道人，浙江湖州人。官累翰林学士承旨，其书法圆润道丽，有"赵体"之称。太仓的顾信，特在太仓淮云寺中建墨妙亭，珍藏赵孟頫所书《归去来辞》等石刻。后亭毁，亭内石碑一直存在到了"文革"前。"文革"期间，《归去来辞》一碑被"红卫兵"砸成四块，不少字迹遭破损，已无法复原。所幸，退思园的这块碑拓仍保存完好，使一代大家的墨宝依然存世。

"石鼓文"刻于九曲回廊的漏窗壁上，"清风明月不须一钱买"，白墙黑字更显现出字体的奇巧古拙。"石鼓文"为秦始皇统一文字前刻于石上的大篆。唐初，在天兴（今陕西凤翔）三原发现十块鼓形石，每石刻有四字诗一首，内容为歌咏秦国君游猎情况，称"猎碣"，石鼓文由此得名。九曲回廊上的诗句，取自于唐代诗人李白《襄阳歌》中的"清风明月不须一钱买，玉山自倒非人推"。每个字各镶嵌在不同图案的漏窗中央，雅致、流畅，不见斧凿之痕，使园中之景得到淋漓尽致的熏染与发挥。留传至今，石鼓文字仅存一百多个，从中提炼出这样的诗句极不简单，这在江南园林中是绝无仅有的。

这块伫立于荷花池南岸的独体巨石，高5.5米，因其形酷似一位临风远眺的长者，故称"老人峰"。从退思草堂外的戏台看这"老人峰"，又像一个繁体的"寿"字。于是，游客又一口惊呼此石为"寿石"。其实，这块巨石产自楚霸王项羽的爱妾虞姬家乡安徽灵璧，为现今罕见的巨形灵璧石。此石顶峰呈龟形状，未作任何雕琢，纯为自然天成，构成了一道奇特的风景。新中国成立后，退思园里开办过化工厂、进驻过政府部门，特别经历了"文革"，园中的景致或多或少遭到一些天灾人祸，唯有这块灵璧巨石，不规者对其望而生畏。

退思园集江南园林"虽有人作，宛自天开"的园艺精髓，展示给人们的是独特的建筑布局，奇妙的园林景致和深厚的文化内涵。游历后的那种酣畅淋漓和回味无穷，也许只有在深悉了这位兵备道后，才会有心与心的对白，情与情的交融。

（王彩凤）

# 静思园

静思园，是由吴江民营企业家陈金根花费十年时间投资数亿资金建造而成的一座江南私家园林，2003年9月12日正式向游人开放。园名乃费孝通先生亲笔题写，取意于"宁静致远"。

静思园里的一景一物，处处体现了园主的志趣。明代造园理论家计成的《园冶》论造园，谓为"三分匠，七分主人"，意思是私园怎么造，关键在于园主的思想和要求。陈金根，是位企业家，他把园内的建筑物造得古典、大气，就是要体现他企业家的气魄。静思园占地76亩，可分成西、中、东三个部分，面积和拙政园相当，是典型的宅园格局。根植于江南文化沃土的静思园，洋溢着苏州古典园林的意蕴。

一园之特征，山水相依，尤为重要。静思园坐落在江南水乡原庞山湖址上。庞山湖历来以水著称，造园者紧紧抓住这一特点，着力挖池理水，处处临水造景，形成以水取胜的园林特色。

西部以水为主。水面由北而南，时收时放曲折蛇行，环绕全园。园景构思巧妙、曲径通幽、移步换景，展现给游人的是不规则、不对称的曲线美，如此精致的布局，与北方皇家园林的规则美迥然异趣。边走边看，亭台楼阁、山水花木，园林的全部要素一应俱全。

静思园之水，动静相宜，时而汪洋恣肆，时而迂回曲折，一派水天世界。水面约占静思园全园面积之半，比例超过了苏州现存几处著名的古典园林。

静思园之石，形态各异，水依石而变，石为水而活。如此山水相依，山环水绕，为整个园林增加了山林野趣。静思园的屋宇建筑，粉墙黛瓦、飞檐翘角、曲折婉转，和江南传统的建筑风格一脉相承。

中部为展示区。该区主要由弘雅堂和悟石山房两组建筑构成；建筑气势恢弘，空间开阔。室内陈列陈金根先生收藏的灵璧奇石大小四千余块，姿态各异、争奇斗巧，或如猛虎，或如苍鹰，或如雪树，或如涌瀑，让人浮想联翩，流连忘返。

东部为住宅、庭园区。住宅由南而北，前后四进，主厅为静远堂。住宅的北面为三组各具特色的庭园，它们分别是"三友院"、"思乡别业"和"拜石轩"。

以水美、石奇、房古为主要特色的静思园，不仅传承了苏州古典园林的文脉，而且还添加了新的元素。如苏州园林大都采用太湖石为园林主石，而静思园则大胆采用了各种造型的灵璧石为主景观石，值得一提的是"静思园"的镇园之宝，曾被上海大世界基尼斯评为"灵璧石之最"的庆云峰，高达9.10米，为天下灵璧石之最。苏州园林中的桥一般都比较小巧玲珑，而静思园天镜池上的鹤亭桥却吸取了扬州瘦西湖上的五亭桥的艺术风格，错落有致的三亭犹如云鹤展翅，甚为壮观。

静思园还收集了各处拆迁的古屋，如建于明代的四面厅，至今已有400余年历史；再如住宅轿厅、大厅及楼厅都迁于苏州古城；展览区的弘雅堂，宽敞大气，迁之于上海。此外还有不少砖刻门楼、木架构件、石雕柱等分别来自安徽、苏北等地。各地历史遗存的汇聚，使一座新建的园林显得十分古朴典雅，平添了几分沧桑情趣。

（谈　燕）

# 师俭堂

师俭堂位于江南古镇震泽镇宝塔街，地处"吴头越尾"的江浙交会之地，坐北朝南，三面临水，南濒大运河支流頔塘河，西傍斜桥河，北枕藕河（两河20世纪50年代后期填没），当时有如半岛地势。可前门上轿，后门下船，为典型的江南水乡大宅门。它的建筑与工艺之精美，堪称江南一绝。

师俭堂重建于清同治三年（1864），由震泽徐汝福所创。徐汝福，字寅阶，官至礼部郎中。徐氏在震泽是望族，徐氏亦官亦商，所经营的丝经、米粮两业在震泽都是首屈一指。

"师俭"两字源出于《史记·萧相国世家》："后世贤，师吾俭；不贤，毋为势家所夺。"其义不仅反映了主人勤俭持家，谨慎经营的态度，也点出了整个师俭堂的格调和品位。

徐氏家族具有鲜明的儒商特点，这种儒商气质同样体现在建堂造园之中。师俭堂自同治年重建以来，一直为徐氏家族经商、居住使用。20世纪60年代，房屋由当地居民租居。1995年师俭堂被列为江苏省第四批文物保护单位。2001年7月，震泽镇政府开始对师俭堂的住户进行搬迁、置换。2002年8月，由省计委、省文化厅、吴江市建设局、震泽镇政府共同投资，对师俭堂进行全面修缮。2004年4月，师俭堂对外开放。2006年5月，师俭堂被国务院公布为全国重点文物保护单位。2006年6月，师俭堂修缮过程被评为"首届江苏省文物保护优秀工程奖"。

师俭堂，与江南其他早期的江南名宅相比，其实年代并非久远，但能入选第六批全国重点文物保护单位，自有其独特的传承价值。

师俭堂占地2700余平方米，中轴建筑规整，前后六进，均为五开间，共有大小房屋147间，是集河埠、行栈、商铺、街道、厅堂、内宅、花园、下房于一体的建筑群落。其建筑布局上三条轴线巧构空间组合，营造出凝重古朴的传统中式风格，兼具官、儒、商三重使用功能，是一座反映晚清工商绅士坐行经商时代特点和地方特色的代表建筑。沿市岸边设米行和货栈，利用"穿宅而过"的宝塔街，拓展其两侧的商业空间，将江南传统民居中前店后宅的模式发挥到极致。

师俭堂的雕刻装饰也十分独特与完整。细细查看，包括了几乎所有的传统样式：木雕、磨砖、泥塑、石刻和漆刻等。雕刻的装饰手法也十分灵活，不拘一格，比如：混雕、剔地雕、镂雕、线刻等，题材使用上更是丰富多彩，包括戏曲人物故事、花鸟虫鱼、喜庆吉祥图案等。所有的雕刻都运用得当，再现了时代的民风民俗，反映了主人的意识观念，也传递出丰富的文化信息，让人看了赏心悦目，意犹未尽。

锄经园是师俭堂内的一座袖珍花园，亦被誉为最精巧的江南园林。《园冶》中指出："园不在大而在精。"而锄经园的装修，给人以轻便灵活、淡雅幽静之味。

锄经园位于师俭堂的东北侧，呈三角形。主人建好这幢建筑后，剩下这半亩地，在三角形的夹缝地带，有机地布置了花厅、楼阁、假山、亭子、曲廊等元素，"利用假山之起伏，平地之低降，无水而有池意"的造园手法，设计了此花园，也契合了计成的"园小而美，乃贵在巧"的造园理念。设计者巧妙地布置了四面花厅、树木、假山、亭阁、曲廊，园内地铺文石，细巧多变。东为沿壁回廊，高低起伏，错落有致，西垒假山，上筑倚墙半亭。园中的一石、一花、一木、一亭、一廊，其大小、高低、方位、疏密、远近都安排得宜。

花木是园林景观的重要内容。在园内，一年四季都不会感到寂寞。墙角的那一棵百年老桂，茂盛、翠绿。园中的蜡梅，雪后绽放，吐露出阵阵幽香。假山旁，青翠欲滴的木香花叶沿着师俭堂高高的风火墙随意攀爬而上，小小的叶片均匀地展布在墙壁上，爬藤的木香花占据着历史。

在这"粉墙花影自重重"的小园内，闲坐四面厅，闻着厅外的枇杷花香，喝一口菊花茶，仰望"藜光阁"，遥想当年主人老母在此赏景，儿子在假山半亭内焚香抚琴，孙辈们则绕着长廊假山玩耍嬉笑，热闹不已。造园者的目的，就是在园居之中能享受到山野乐趣。园虽小，但"小中见大"，在有限的园林面积中构造出丰富的自然景观，在最小的空间中容纳进最大的自然境界，供园主游乐怡情。

师俭堂作为历史文化的载体，具有重要的历史、科学、艺术价值，在众多的江南古民居中独树一帜。

（谈　燕）

# 耕乐堂

2006年9月6日，在著名水城威尼斯，来自49个国家、130个城市的建筑艺术家、4000余名记者、10多万观众共同参与和见证了"2006威尼斯建筑双年展"。颁奖典礼上，国际建筑大师米丘以同里耕乐堂为蓝本的"建构宣言"展馆，力压群雄一举夺得"艺术及建筑杰出贡献奖"，使耕乐堂这位养在深闺中的黄毛丫头，一夜成名，亭亭玉立、风姿绰约地站在了世人面前。

耕乐堂位于同里陆家埭、百米长廊中段，朝东面河，系明代处士朱祥所建。耕乐堂是传统的前宅后园布局，前宅有门厅、正厅、堂楼，后园则由荷花池、三曲桥、三友亭、曲廊、鸳鸯厅、燕翼楼、古松轩、环秀阁和墨香阁组成，园西还有西墙门，可通郊外，是典型的明清宅第。整个耕乐堂占地6亩4分。初建时，共有五进52间，经历代兴废，现有三进41间，廊、亭、楼、阁、水、榭、厅、堂、轩、斋一应俱全，被人称为退思园的"姊妹园"。

同里有多项古镇保护开发设计规划，是出自同济大学资深建筑设计专家之手，米丘就是专家团队的成员。夜深人静，无数次地徜徉同里街巷、幽弄，米丘总有一种莫名的冲动，他要为同里水乡寻找一个"婆家"，那就是意大利水城威尼斯，而米丘"做媒"的切入口就是耕乐堂。为了把同里古镇"运"到千山万水之外的威尼斯，米丘大师动用了两只集装箱，"耕乐堂木建构模型"更是按照始建于明代、占地6亩4分、现存三进41间的"耕乐堂"实物以纯樟木1比1复制而成。"建构宣言"的参展作品，则由碑、古镇印象、百宝箱、耕乐堂、生命之轮、冥思者、古镇记忆、理想建构8件作品构成，灵感和素材全部取自于五六千年前就有先民生息繁衍的同里古镇。

在同里众多景致中，耕乐堂属于那种比较拗脚的一个景点。无论游客是从三桥走蒋家桥，还是从南园茶社过会川桥，都是寻觅着心的一份宁静，才来到这大红灯笼点点垂的百米长廊，就在这不经意的，甚至是梦境般的游走中，面东临水、露门五间、褐色木门、竹丝门槛的耕乐堂，就伫立在了眼前。古朴、幽静后产生的神秘，让人止不住探访的脚步。

耕乐堂的雅致有很多，窄长的备弄就是一处。那备弄几乎只有"一肩宽"，70来米长，从大门口笔直通到后花园，又与回廊巧妙相连。备弄内，除头顶上方悬着的一盏盏红灯笼外，每走10来步，北侧的墙上，还有一方方灯龛，供备弄照明之用。

相比退思园，耕乐堂的房舍就不能用"高爽"一词来形容了。小巧、秀气、不张扬应该是它的一大特点。耕乐堂有4座门楼，进房前各有10平方米的天井，天井东面均有门楼。或刻有"乐善家风"、"耕乐小筑"等字，或雕有"五鹤祥云"、"暗八仙"、夔龙、百吉等图案。在主体楼的西墙上方，有一处16开书本大小似的方洞，洞内隐隐似有一件什么东西蹲守着，原来那是一尊貔貅，民间貔貅有镇宅辟邪之说。据说，这貔貅是耕乐堂的原物，而该貔貅现在所处的位置，是后花园的中心，堂主人朱祥建造此宅时，貔貅面对的是潺潺流淌的河流，还是无人涉足的荒郊野外？这就不得而知了。据记载，朱祥曾因协助江苏巡抚周文襄公，修建宝带桥有功，授予他官职，朱祥不愿为官，决志归隐，引疾家居，一时达官敬重之。周文襄公、吴匏庵、赵半江、莫鲈乡俱有赠诗，莫又为之记。晚年的朱祥，就时常与邻居老者徜徉于山水间，过着惬意的晨耕暮读生活。

耕乐堂最精华的部分是后花园，难怪人们要称她是退思园的"姊妹园"呢。回廊、池塘、曲桥、美人靠、白皮松、桂花树，是整个后花园的要件。鸳鸯厅、燕翼楼是后花园的主体建筑，在半山半水之间，带给人轻盈飘逸的惬意之感。白皮松，说来应该是北方树种，可她却在后花园西墙旁一长就是400多年，树干虬结盘曲、树皮斑驳、苍劲古朴、古意盎然，她亲历了一座古园的荣辱兴衰，也见证了一个古镇的沉默与盎然。

当年台湾作家三毛，在涉足了周庄后给出的一句话：希望不要过多宣传周庄。三毛的足迹遍布世界各地，在经历了沙漠的荒芜、小岛的孤寂、大都市的喧嚣，留在心底的一块绿洲，则是不施粉黛的古朴与宁静。倘若，三毛能有幸活到今天，耕乐堂的幽静与古典、雅致与简朴，或许能留住她飘忽一生的脚步，或许能慰藉她那颗善感的心灵。

（王彩凤）

# 端本园

端本园，是黎里第二大姓陈家的园林。造园人陈鹤鸣（约1697—1760），为人洒脱，胸怀宽广。嫁于周家的姐姐新寡，携儿子元理、元瑛归来，鹤鸣妥为安顿，并在他自己早年刻苦攻读的清照楼内设下书塾，为两个外甥，还有自家藻文、绚文、鸿文三子，及侄子炳文、龙文，延聘学有素养的儒士执教。周元理日后晋升工部尚书，五名子侄也都由科举出身，家乡盛赞陈家"五子登科"。凭此，陈家在"周陈李蒯汝陆徐蔡"八大姓中位列第二。

乾隆十二年（1747），陈鹤鸣提前告老还乡。父子多人常年在外，家乡老宅一片荒凉。回家后的陈鹤鸣，尽力营造家园，三落五进，气派非凡，正厅"鹤寿堂"，陈家响当当的堂号，远近闻名；又凿池叠石植树养花，拓建三亩有余的"端本园"，亭台楼阁，假山池沼，一应俱全，再加佳木香草，四季有景。

陈家的二儿子绚文，文才出众，谨勤实干，不事张扬。满洲正白旗副都统永豪杰欣赏他的才干，不惜违反规定将爱女嫁他为妻。永豪杰官居副都统，当时习惯上称为郡王，因此陈绚文被称为郡王驸马。因此，陈家的鹤寿堂连同端本园，都被百姓习称"郡马府"。

可叹的是鹤鸣三小子鸿文，豪放不拘，失于检点，亏空挪用公款，缺额较大，一时无法填补，最终落入法网，自己身首异处不算，还殃及父兄。清廷囚禁陈鸿文后，认定陈鹤鸣在家乡起造鹤寿堂、扩建端本园，肯定有三小子的赃款，于是逮捕了陈鹤鸣。朝廷千里迢迢派快马飞捕，将已经告老回乡的陈鹤鸣抓捕入狱，金银细软等家产悉数抄没，押送京城，房屋、园林由官府出面卖给他人，闹得鸡飞狗跳，人心惶惶，陈家只剩下一片妇孺啼哭之声。

由于查无实据，"恩诏黄封下九天，同根萁豆免牵连"，一年后，陈鹤鸣终于被释回家。可陈家的田地房屋大半已经归属他姓，端本园不仅荒芜一片，还被削掉了一半。为了重建家园，陈鹤鸣拼尽残年余力，意欲使鹤寿堂与端本园恢复昔日的风采，可终究回天乏力。

二百多年的风烟飘然而过，衰落了的陈氏依然少有起色，宅第易姓的易姓，改建的改建，鹤寿堂大片华屋只留存部分门厅和一座砖雕门楼。那砖雕门楼上镌刻的"奎壁凝祥"四字，似乎还在向人夸耀陈家昔日的辉煌。奎、壁，是二十八宿中的二宿，古人认为是主宰人间文运的星宿；凝祥，凝聚祥瑞之气。遥想当年，陈家五子俱登科甲，奎壁确实在此凝祥。

最近，黎里古镇管委会对端本园进行了整修，恢复廊桥、水榭、平波轩、迎宾厅，开挖荷池，重叠假山。特别值得一提的是，端本园的西北角，隔后河与五亩相望处，新辟一个边门，待等五亩园重建，这里将架起一座九曲桥，连通端本园与五亩园。这个边门上拟有两个砖刻："伍芳"、"津渡"。伍芳，本出窦燕山五子登科之典，与端本园陈氏相合，也与砖雕门楼"奎壁凝祥"呼应。津渡，由摆渡本义出发，引申为学问达到相当的高度。端本园园主陈鹤鸣是舅舅，五亩园园主周元理为外甥，两园隔河相望。这里隐含着舅舅陈鹤鸣教育外甥周元理，使外甥学业日益提高，从而中秀才中举人，步步登高，意味深长。

与江南其他园林一样，端本园的山是假山，水则是真水，水是背景，更是主题。端本园之东，有毛家池，中有泉眼，泉水汩汩日夜涌冒。陈鹤鸣将此活水引入自家园林，至今伴月廊上，仍能读到"水琅环"与"绿抱"的砖刻。园内的荷花池，差不多占据西半园的一半，不仅养金鱼植荷藕，更蓄文龟、斑鱼等珍稀品种。陈家起造华屋建造名园，得了"陈半镇"之名，也许太过张扬了吧，端本园建成仅仅十年时间，就经历了宦海沉浮之痛。从此，陈鹤鸣及其后代真切地认识到"真水无香"，"为有源头活水来"固然重要，而"少风波处即为家"更其重要。用于洗涮物质的清水，在陈家心目中，更可以涤虑清神。园内池沼，水波不兴，平静如镜，这正应合了陈家心境澄澈的处世心态；毛家池泉水，没有香气，不事张扬，这正是大智与大慧；还有那静静流淌的后河，正好对应了陈氏一族清静无为的人生情趣。

黎里古镇的保护开发已经起步，过不了多久，端本园定然会恢复她昔日的风采。

（李海珉）

# 附录

# 相关人物

### 1.荆 浩

五代时画家。字浩然，沁水（今属山西）人。博通经史，善于文章。隐居太行山洪谷，因号洪谷子。擅画山水，常写山中古松，作云中山顶，能画出四面峻厚的雄伟气势。自称兼吴道子用笔和项容用墨之长，创水晕墨章的表现技法。亦工佛像，曾在汴京（今河南开封）双林院绘过壁画。自云在石鼓岩前得一老者传授笔法，遂著《笔法记》，又作《山水诀》，为范宽辈之祖。存世《匡庐图》，传为其所作。

### 2.关 仝

后梁长安（今西安）人，仝亦作同。工画山水，好作秋山寒林图。从荆浩学，有"青出于蓝，而胜于蓝"之美誉，名重一时，后世将师徒二人称"荆关"。

### 3.汤 斌（1627—1687）

字孔伯，一字荆岘，号潜庵，睢州（今河南睢县）人。顺治九年壬辰科（1652）三甲167名进士，授翰林院庶吉士，沉涵学问不妄交游。康熙十八年己未（1679）博学鸿词科一甲18名。二十三年，由内阁学士擢江苏巡抚（驻苏州）。正值康熙皇帝南巡，他一面迎驾，一面在船中连着六个昼夜，批办堆积如山的前任文案。过去各处地方官员只知牟利，迎合上司，亏空公款不计其数，常常到任不满一年即罢误去职。他到各州县，下令有关人等改过自新，并规定不得接受下属馈赠。革除耗羡、禁止私派、清理漕弊、淘汰蠹役、推行保甲、取消盐商进贡，拒绝请托，一切他都以身作则。数月后，凡是诬告他的人都被解职。自此，从总督、将军以下都互相告诫，不要接受属下一钱一物，连路过的京差都不敢随意在此停留，驿馆的接待费用减少了许多。

他的为政之道，以宽民力、兴教化、培植根本为要务。他奏请改并征为带征，蠲免了十八、十九两年灾欠的赋额。淮扬徐发生水灾，他先后奏请免除额赋数十万两，又发常平仓粮及借支将军提镇榷关税进行赈济，并让布政司动用库银五万两籴米。严禁赌博、斗殴，禁止市肆淫辞邪说，改变丧家火化及长久停柩的习惯。吴地一向多淫祀，楞伽山五通神的奸巫淫尼更是竞相煽惑士女来祷求祸福。他将神像投入湖中，并将它处所建庙宇尽数摧毁。设立义仓，恢复社学。重修泰伯祠，每月朔望，都前往谒拜，同时谒拜范仲淹及周顺昌祠，以此劝导百姓从善。经常到学宫，听诸生讲解孝经，并让儿童参加旁听；经常检查生员的学业，他们的文章都亲自批阅，以此从中选拔优秀者。吴地民风由此发生根本变化。

他清心寡欲，居官丝毫不扰民，每餐以豆羹下饭，民间送以雅号"豆腐汤"。二十五年，擢礼部尚书掌詹事府事。老百姓听说他要调任，每天有上万人到衙门来挽留，临走时老幼提携奔送直至吴门桥，更有甚者一直送到淮河边。前任巡抚余国柱在吴地声名狼藉，迁户部尚书后还移书江苏布政使，索要库银四十万两去行贿，曾遭到汤斌的拒绝。听说汤斌在那里深得民心，以为自己的把柄被他抓住了，于是对汤怀恨在心。汤斌赴召还朝时，余国柱已位居相府，便对他逸言百端，还唆使不明真相的廷臣进行弹劾。此时，汤斌已有病在身，不久改任工部尚书就去世了。噩耗传到吴地，无不为他痛哭流涕，在郡学西为他建祠祭祀。雍正十二年（1734）入祀贤良祠。乾隆元年（1736），追谥文正。道光三年（1823）从祀文庙。其学源出孙奇逢，与新安荆溪公魏一鳌齐名，宗旨在于身体力行，讲求日用。著有《洛学编》、《睢州志》、《汤子遗书》及《明史稿》若干卷。

### 4.曹元甫

名履吉，字元甫，号根遂，安徽当涂人。幼聪慧，邑宰王思任赞曰："东南之帜在子矣。"明万历四十四年丙辰科（1616）二甲46名进士。官至河南提学佥事，有《博望山人稿》、《辰文阁》、《青在堂》、《携谢阁》等集行世。

### 5.阮大铖（约1587—约1646）

字集之，号圆海，又号百子山樵，自号石巢，怀宁（今属安徽）人，祖籍桐城，万历四十四年丙辰科（1616）三甲10名进士。天启时，任吏科给事中，谄附魏忠贤。崇祯二年（1629），名列魏党逆案，从此废斥十七年，结"中江诗社"，招纳游侠。八年迁居南京库司坊。复社名士顾杲作《留都防乱揭》，将之驱逐。福王朱由崧在南京登基（1644）后，因当年同党马士英执政，官至兵部尚书兼右副都御史，对东林、复社诸人日事报复，招权贪利。顺治二年（1645），清军渡江直逼南京，他走金华为士绅所逐，转投方国安营中。第二年，在杭州江干降清，随清军攻打仙霞关，中风而死。或云，降清后，又与福州的唐王朱聿键通消息，谋划反清，事泄自杀。有才藻，作传奇多种，现存《燕子笺》、《春灯谜》、《牟尼合》、《双金榜》，诗作结集《咏怀堂诗集》。

### 6.叶圣陶（1894—1988）

名绍钧，苏州甪直人。1911年毕业于苏州公立第一中学堂，曾任小学、中学教师。1921年与沈雁冰等创立文学研究会。1923年入商务印书馆任编辑。1930年入开明书店，先后主编《中学生》、《小说月报》、《开明少年》、《国文月刊》等杂志及中小学语文课本。1931年参加组织文艺界反帝抗日大联盟。抗日战争期间，在重庆戏剧学校、复旦大学、武汉大学任教，并继续主持开明书店的编辑工作。1949年初进入解放区，任华北人民政府教科书编审委员会主任。同年9月，出席中国人民政治协商会议第一届全体会议。新中国成立后，历任中央人民政府出版总署副署长，教育部副部长，人民教育出版社社长，教育部顾问，中央文史馆馆长，民进第六届中央副主席、第七届中央主席，第六届全国政协副主席，是第一至第四届全国人大代表，第五届全国人大常委，第一、第五届全国政协常委。著有《叶圣陶文集》。

### 7.钱谦益（1582—1664）

字受之，号牧斋，晚号蒙叟、东涧老人。常熟人。少壮时，结识松陵周宗建、周永年弟兄，且与两人同岁，交往甚密。万历三十八年庚戌科（1610）一甲3名进士（探花），授翰林院编修。天启元年辛酉（1621），主持浙江乡试。转右春坊中允，参与修《神宗实录》。后为魏忠贤罗织东林党案牵连，削籍归里。崇祯初，起为礼部右侍郎，兼翰林院侍读学士。适值会推阁员，温体仁、周延儒争权，他亦遭到抨击，再次削籍返里，结识盛泽归家院名妓柳如是，作妾携归。清军入主北京，马士英、史可法等拥立福王朱由崧在南京登基，他任礼部尚书。清兵南下，南明授他内秘书院学士兼礼部右侍郎。南明亡，称病返里，柳劝其殉节，不允，投降清军。顺治初，因江阴黄毓祺起义案牵连，被逮入狱，次年获释。自是息影居家，筑绛云楼以藏书检校著述。诗文在东南一带被奉为"文宗"。乾隆四十四年（1779），钱氏著述被列为"悖妄著书人诗文"，其已载入县志者均被删削。著作有《初学集》、《有学集》、《投笔集》、《开国群雄事略》、《列朝诗集》、《内典文藏》等。殁后，葬于常熟虞山南麓。钱殁，柳如是即自缢，墓距钱不远。

### 8.张涟（1587—1671）

字南垣，华亭（今上海松江）人，迁居嘉兴。少学画，师从倪云林、黄子久笔法，好写人物，兼通山水，能以画意垒石为假山，巧夺天工。以此游于江南诸郡五十余年。东南名园的假山大多出自其手。曾为王世懋、钱谦益等造园。与吴伟业（梅村）互相戏为"无窍之人"。又创盆景，亦绝妙无伦。

### 9.吴伟业（1609—1671）

字骏公，号梅村，太仓人。崇祯四年辛未科（1631）一甲2名进士（榜眼），授翰林院编修，又任左庶子等职。南明弘光时，任少詹事。入清后，官至秘书院侍讲，充《太祖、太宗圣训》纂修官，后任国子监祭酒。请假归里后，隐居不仕。工诗词书画，诗文华丽，被称为娄东派。以《圆圆曲》、《楚两生行》等篇有名于世。与"花园子"张涟交善。著有《春秋地理志》、《氏族志》、《绥寇纪略》、《梅村家藏稿》等。

### 10.计 东（1625—1677）

字甫草，号改亭，盛泽镇茅塔村人，原籍嘉兴。十五岁补嘉兴籍诸生，三试春官不第。正是明清之交，居家熟读《十三经》、《二十一史》，旁及兵法、阴阳、气象。撰《筹南五论》论兴明大计，进呈礼部尚书兼东阁大学士史可法，很得赏识，可惜不能用。顺治十四年（1657）参加顺天（今北京）乡试中举，御试第二名，文章轰动京师，但参加礼部会试时却未中。十五年，同县友人吴兆骞因科场案流放宁古塔（今黑龙江宁安）。别人避之不及，他却将女儿许配兆骞小儿子。十八年，江南奏销案中，他被罢黜功名，遂心灰意冷，游宣化、云州（今大同）、洺州（今河北永年）、漳阴（今大名）、邢丘（今河南沁阳）、济宁、兖州等地的名山大川，结交豪杰士大夫，喜笑怒骂皆成诗文。到邺城（今河北临漳）寻访明代诗人谢榛墓，为之修葺立碑，嘱地方禁止在墓地砍柴放牧。过顺德（今河北邢台），寻访明南京太仆寺丞归有光《厅壁记》遗址不得，在荒园中设瓣香哭祭。后任保和殿大学士的王熙一向敬重计东，但几次推荐都未成功。在河南时，他结识宋荦。宋当江苏巡抚时，计东已去世二十余年，遂将他的遗稿辑成《改亭集》刊行。道光（1821—1850）初，江苏巡抚陶澍在苏州沧浪亭勒五百名贤像，计东是其中之一。另著有《诗集》。

### 11.计大章（1605—1677）

字采臣，号需亭，盛泽茅塔村人，计东从祖。少年勤学，在诸生中很有声望，考试成绩总是在前几名，受到浙江学使黎元宽的器重。他曾经因此而拜访过（明）宰相黄道周。黄对他说："学业只要无愧于'人'字就可以了。"他很信服这句话。明亡后，不再在科场上拼搏，专注研究学问，教授生徒，以奉养父母，倒也自得其乐。他与桐乡张履祥关系最亲密。张曾写文章介绍过他的情况。七十三岁时，他自认为气数将尽，临终前叮嘱儿子："生活贫困时不要贪婪，地位低微时应当自重。'勤俭、孝友、廉耻'六个字是立身之本，千万要记住。"著有《学庸解玩》、《读易随笔》、《洗心斋诗文稿》。计东自小受业于大章，为他写有《从祖需亭先生寿序》。

### 12.计 名

字青鳞，诸生，盛泽茅塔村人，计东之父。崇祯末，与吴扶九、沈圣符、张将子、张九临等发起成立复社。一直在吴江县城设馆授徒。计东成婚后，书"蛰庵"赐东，东有《蛰庵记》记其事。吴兆骞少年时，常常表现出目空一切，作《胆赋》。计名读后认为，此子将来必定出名，自然也免不了祸事缠身。丁酉科场案发，兆骞被流放，人们都很佩服当年计名的预言。

### 13.孙金振（1923—1992）

镇江人，出身于书香门第。其表舅父柳诒徵是历史学家、舅父鲍鼎先生是文学家，都是德高望重、著作等身的著名学者。金振早年得到柳、鲍二位前辈的耳提面命，又受业于唐子均先生。故学识才思皆渊源有自。他为人忠厚朴实，文质彬彬，待人接物恂恂如也，似不能言者。但他又不是一个墨守成规、人云亦云的人。酷爱读书，喜欢买书藏书，自奉简约，居住之所除一床一桌外，到处是书。他博览群书，心无旁骛，天分又高，记性和悟性都很强。因此，无论是知识储备，文字鉴赏水平，分析判断能力，以及缜密细致的考订功夫，都达到了相当的程度，构成了他从事历史著述的内在条件。他有良好的史德，严谨的治学态度，一如他自己所说，"南董笔，倘能售。"一介寒士慨然以南史和董狐的直笔自许。其治学范围在于文史，对镇江的地方史料致力尤多。退休后，受聘于镇江市地方志办公室，参加了新编《镇江市志》的编纂工作，特别是"人物"部分由他一手定稿。

### 14.周 用（1476—1547）

字行之，号伯川，一作白川，平望镇烂溪（周家溪）人，正德五年（1510）前后定居松陵镇。弘治十五年壬戌科（1502）三甲154名进士。其父周昂入赘计氏。用从小在计家生长，弘治十四年中举后通籍（恢复周姓）。授行人。正德（1506—1521）初，选南京兵科给事中。丁父忧，补礼科，改南京兵科。因劝谏武宗不要从西藏迎佛进京，请罢黜尚书、都给事等官，要求惩处江西镇守太监黎安，出为广东左参议，镇压了番禺地方反叛。嘉靖（1522—1566）初，转浙江按察副使。丁母忧，补山东临清兵备副使，升福建按察使、河南右布政使。正值大旱，他亲自管理汝宁（今汝南）赈济分所，老百姓得益匪浅。八年以右副都御史提督南赣，平均徭赋，缓征科税，加之分化瓦解手段，使地方治安明显好转。召入朝辅佐都察院事，迁吏部右侍郎，转左侍郎，又南京刑部右侍郎，右都御史，工部尚书。革除先付款后进货的陋习，建立见货即付款的贸易秩序。改任刑部，以九庙失火引咎辞职。十五年起，任工部尚书，总督河道，改漕运道。迁左都御史，以二品衔满九年加太子少保。二十五年转吏部尚书。第二年卒，赠太子太保，谥恭肃。为诗工音律，书法俊逸，绘画缛密。著有《读易日记》、《楚辞注略》等，有《周恭肃公集》行世。

### 15.周宗建（1582—1633）

字季侯，松陵镇人，周用曾孙。万历四十一年癸丑科（1613）三甲175名进士，授浙江武康（今属德清）知县，调仁和（今属杭州），有政绩，召入朝为御史。天启元年（1621），他上疏历数万历朝内许多人的不是，为受打击的礼科给事中顾存仁等人鸣冤，并针对辽东后金（清）与明朝的兵事，请求破格使用曾任辽东巡抚的熊廷弼，前后得罪一大批人，且所论与东林党每每相对。当魏忠贤将熹宗的乳母客氏弄进宫时，他更是引经据典竭力反对。第二年，后金攻破广宁（今辽宁义县），京师久旱，五月又遭冰雹，他就尖刻地指称是朝廷阴盛阳衰之故。三年二月，把矛头直指魏忠贤，要求追究其倾轧权臣草营人命的罪行。他反被夺俸三个月，出朝巡按湖广，以父忧回吴江。五年三月，受曾任吴江知县的阉党曹钦程诬劾，被定为"东厂第一仇人"，魏忠贤就假传圣旨将他削籍。明年被逮入狱，抄没家产，死于刑讯逼供。宗建下狱后，族人四散，家仆又不敢上前，惟有松陵镇上卖糕的沈某追随到北京跑前跑后，直至为他入殓。沈某被后来人称作"沈义"，苏（州）松（江）兵备道冯元扬将他招至麾下。魏失势受到追究后，朝廷追封宗建太仆寺卿，谥忠毅。

### 16.沈　启（1501—1568）

字子由，号江村，松陵镇人。嘉靖十七年戊戌科（1538）二甲34名进士，授南京工部营缮司主事。锦衣卫指挥朱某到南京筹备修皇陵。他知道，朱想多列项目从中渔利。在陪同踏勘时告诉朱，高皇帝定制，皇陵不得动土，违令者斩。朱某听后，吓得面如土色，最后确定只修理围墙。他在南京三年，凡官军俸粮以及上解数、积存数了如指掌。二十一年调北京刑部主事，又员外郎，承诏办案三十余件。二十四年离京，先后任绍兴府会稽（今属绍兴）、新昌、萧山（今属杭州）知县。拒贿赂，支持浙江巡抚朱纨打击走私，公告《海禁八议》。二十九年迁湖广按察副使。侍郎督抚张岳正在征剿（湖南）辰溪苗族，放纵滥杀。他力主生俘与首级同奖，从屠刀下救出许多人。三十二年，朱纨因海禁事受诬劾，牵涉到他，遂罢官归里，筑室仙人山，开始致力于研究吴江水患。著有《吴江水考》、

《南厂志》、《南船记》、《牧越议略》、《杜律七言注》、《江村诗稿》等。

### 17.吴 玄（1565—?）

字又予，吴中行第三子，江苏宜兴人，乡贯武进（今属常州）。万历二十六年戊戌科（1598）三甲151名进士。授河南南阳府学教授，自请改任湖州府学教授。后在刑部本科，刑部广西司、贵州司、浙江司任职，曾任东昌（今山东聊城）、严州（今浙江建德）知府，巡守岭东、河北两道，升湖广布政司参政，改任江西布政司参政，分守饶南九江道。后回常州闲居。

康熙《常州府志》卷二十四：吴元（清时避玄烨讳改为吴元）传曰，吴元字又于，武进人，万历进士，改授湖州府学教授，历任湖广布政。性刚介，时党局纷纭，元卓立不倚。在刑部时，设圜扉榜谕，多仁人之言。妖书见朝天宫，长安大索不得，得僧达观谤圣书。上怒下诏狱。先是达观结大内并大僚，诸谒拜者高座受之。元独不介谒。刺东昌、严州俱有卓政。所著有《率道人集》。孙守寀，进士（顺治四年丁亥科〔1647〕三甲100名），江西瑞州知府，以廉谨称。

光绪《武进阳湖合志·吴奕传》中有吴玄附传：弟元，万历戊戌进士，自疏改湖州府学教授，历官湖广布政司参政。所著有《率道人集》。在《墓域》中记有：布政使吴元墓在延政乡徐湖桥。

《中国人名大辞典》载：吴元，明，（吴）亮弟，字又于。万历进士，历任江西布政。性刚介，深嫉东林，著《吾徵录》，诋毁不遗余力。又有《率道人集》。

《率道人素草·骈语》载吴玄《上梁祝文》一文，曰："梁之东：瑞霭高悬文笔峰，城映丹霞标百雉，井含紫气起双龙。梁之南：泽衍荆山八代传，坊号青云看骥附，都通白下待鹏搏。梁之西：六秀庚从江水湄，麟题武曲黄金筑，虹带文星苍璧移。梁之北：汪汪福泽开滇渤，象应台前玉烛调，名传阙下金瓯卜。梁之中：独乐名园环堵宫，王公奕叶三槐植，窦老灵株五桂丛。梁之上：龙成六彩光千丈，显子桥头坡老翁，狮子巷口元丞相。梁之下：此日生明成大厦，寿域驻百岁丹砂，圣恩赐三朝绿野。"又有吴玄自撰联额摘录："（一）维硕之宽且苴，半亩亦堪环堵；是谷也窈而曲，一卷即是深山。东第环堵。（二）世上几盘棋天地玄黄看纵横于局外；时下一杯酒风清月白落谈笑于樽前。（三）看云看石看剑看花间看韶光色色；听雨听泉听琴听鸟静听清籁声声。"

### 18.姜 垛（1607—1673）

字如农，山东莱阳人，崇祯四年辛未科（1631）三甲153名进士。初授密云知县，明后年调仪征。廉以律身，惠以逮下，罢去一切弊政陋规。

历来诸商向官衙有进贡，被他一律推辞，自是杜绝了请托。当时，朝廷大权旁落，催科甚急，他数次为民请命。李自成军势力正盛，他彻夜防守，准备好各种兵器以备迎战。李部曾至钟家集，闻有备遂撤退。爱奖士类，品题允当，咸为鼓舞。八年，河臣议开新城运河。他竭力表示反对，但没有被采纳。河置之无用，河臣获罪，他亦以此受累。十三年考绩为优，擢礼科给事中，又迁礼部主事，十五年擢礼科给事中。时周延儒为相，有人造"二十四气"之说，以指朝士24人，直达御前。皇帝下诏诫谕百官，他上疏主张开放言路，被采纳。他数次议论朝政，甚至指斥皇帝。帝大怒，下令将他逮至午门，杖一百，系狱。崇祯末始释，戍宣州卫。赦归，同弟庚辰（崇祯十三年，1640）进士埈奉母寓绍兴章闻家。福王时复官，丁父艰不赴。明亡，流寓苏州，居前文震孟"艺圃"，改名"颐圃"，又称"敬亭山房"，请归庄复书"城市山林"额，着僧服，不问世事30年。康熙十二年（1673）病殁，留下遗命，归葬戍所。同人私谥贞毅先生，崇祀敬亭。十九年入祀仪征名宦祠。以后，其子姜实节更园名为"艺圃"。园在今苏州阊门内十间廊屋10号。

### 19. 汪 机

崇祯十二年（1639）奉例助饷，授文华殿中书。

### 20. 汪 镳

崇祯八年（1635）中书加大理寺副，以助饷加四品服。

### 21. 胡崇伦

字昆鹄，浙江绍兴人，康熙三年（1664）任仪征知县。重筑龙门桥坝，疏浚市河，整治道路，修筑城墙。六年，蝗虫入境，组织灭蝗，减低灾情。又建粮廒于县衙前，重纂县志。为功于邑者至多。

### 22. 陆 师 (1667—1722)

字麟度，浙江归安（今属湖州）人。康熙三十九年庚辰科（1700）三甲111名进士。五十六年任仪征知县。下车即修葺学宫，朔望集诸生谈说经义，每月会课。诸生喜得名师。他以时文出名。一次，在湖上宴请高官时，当席写就七篇"四书"文章，惊得满座目瞪口呆，都把他称为"神仙"。县为水陆孔道，每有差遣，他都给舟车夫役等工钱，民不为扰。断案不事刑讯，狱无徇情。有大猾者肆虐乡里，受害者不计其数。师擒而治之，全县称快。春秋不设限催征，秋征时告谕粮户自封投柜，百姓称便。县内原有运盐盈利归知县所得，他自己分文不取，将此款作为建仓廒、修监狱之费。捐俸设药局，为生病者治疗。主纂《仪征县志》22卷，他都亲自批点修订。擢吏部验封司主事，迁广西道御史，授山东济宁道，卒。他的后代便定居仪征。

### 23.汪士楚

仪征人，康熙二十一年壬戌科（1682）三甲66名进士。

### 24.阮 元 （1764—1849）

字伯元，号云台，仪征人。乾隆五十一年（1786）举人，五十四年己酉科二甲3名进士。由翰林院编修大考第一，擢少詹府詹事，历官内阁学士、户、礼、兵、工等部侍郎，山东、浙江学政，浙江、河南、江西巡抚、漕运、两湖、两广、云贵总督，太子少保、体仁阁大学士。嘉庆四年（1799）、道光十三年（1833），两次担任会试总裁。十八年秋，告老回籍，晋加太子太保，享受半额俸禄。二十六年应邀参加朝廷宴会，晋加太傅，享受全额俸禄。二十九年卒，年86岁。赐祭葬，谥文达。生平清慎为政，每到一地必以兴学教士当先。在浙、粤两省，建立学舍，堂选诸生，务实学者都在其中肄业。他的做法被两地尊为规矩。在浙江，他曾亲督水军抵御海盗于台州，擒杀了伪总兵伦贵利等。海盗蔡牵屡次骚扰闽浙。提督李忠毅公采用了他提出的，协调两省舟师，以及"隔断余船"之法，循环攻击，最终把蔡牵淹毙在温州黑水洋。在江西，他严查保甲，破获朱毛俚谋反案，因此受到恩赏宫保花翎。在云贵，他留盐课积余之半，支助边防。在两广履任之初，他即筹措缉捕经费。广西富贺、怀集，广东连山、阳山正处两省交界，强盗往往在之间流窜。他调集两省重兵三路合围，清剿其巢穴，内地盗迹一律肃清。他创建了大虎山炮台，查禁鸦片烟，不许带烟的洋船入口。有外洋护货兵船在伶仃山，杀了两个当地老百姓。他下令对他们实行封锁。数月后，外轮交出了凶犯，才准予照旧通商。所以在他任上，外国兵船不敢犯粤。归田后，他怡志林泉，不与府、县衙门接触，而对地方义举无不首先倡办。待族党故旧，事事从厚，指点后学更是周到。他做学问的宗旨，在于实事求是，内容涉猎经史、小学以及金石、诗文，尤以阐发大义为主。所著《性命》、《古训论语》、《孟子论仁》、《论曾子》十篇注，阐述古圣贤训世之意，强调实用，使人可身体力行。在史馆时，采集诸书编就《儒林传》，对各种流派一律看待。还编有《经籍纂诂》、《十三经校勘记》、《畴人传》、《淮南英灵集》、《钟鼎款识》、《山左两浙金石志》等。随笔有《广陵诗事》、《小沧浪笔谈》等。他所刊刻的书特别多，最著名的是《十三经注疏》。任督学时，凡有一艺之长的无不奖励，对能解经义及古今体诗者，必擢置于前。总裁会试时，他都要参与合校二三场文策，选拔出众多绩学之士。主持文坛五十余年，士林将他尊为山斗。他平生以朱熹为楷模，故其经术、政事与朱极为相似。

### 25.伊秉绶

字组似，号墨卿，福建宁化人。乾隆五十四年己酉科（1789）二甲14

名进士。嘉庆三年（1798），以员外郎主持湖南乡试，又任惠州知府。九年任扬州知府。乡前辈雷翠庭是理学名儒，为了宏扬其学术，他曾经打算刊行其遗书。城北三十里北湖汤家泮，为群盗所聚，他严密缉捕其魁首，群盗以散。县役聂兆何报告，道士率妻子占据东岳庙，以讲经为名诱骗妇女聚敛财物。他下令驱除，另外招僧奉香火，并告谕百姓不要为异端所惑。市井奸狯之徒马某为害乡里。他先出告示警告，继而惩处，使郡中唆诈之风始息。十一年，大旱，百姓鬻耕牛以食。他设厂施粥，为了防止从中贪占，不让胥吏经手；对牛估价后发给凭证，招人牧养，准予第二年春天赎取。明年，风调雨顺，百姓得以牛耕，喜获丰收。十二年，丁父忧，建"秋水园"奉母。伊秉绶62岁卒，扬州士民将他入祀三贤祠。工诗，尤善隶书，喜欢收藏古书画，颇究性命之学。著有《留春草堂集》。公余时间曾经游览平山，署联云：隔江诸山到此堂下，太守之宴与众宾欢。

**26. 屠 倬（1781—1828）**

字孟昭，号琴隖，晚号潜园，浙江杭州人。嘉庆十三年戊辰科（1808）二甲30名进士。十五年任仪征知县，十七年、十八年再任。官至九江知府。工诗古文，旁及书画金石篆刻。著有《是程堂集》。

**27. 李 坫**

字允同，仪征人。曾任日照县令。卸任回仪征后，受知县姜埰之聘编修《仪征县志》。有文名。康熙《仪征县志》（胡志）中录有他的《游江上汪园》：秋空清似洗，江上数峰蓝。湛阁临流敞，灵岩傍水寒。时花添胜景，良友纵高谈。何必携壶榼，穷奇意已酣。

**28. 李东阳（1447—1516）**

字宾之，号西涯，金吾左卫军籍，乡贯湖南茶陵。天顺八年甲申科（1464）二甲1名进士。历任翰林院编修、侍讲学士。弘治八年（1495）由礼部右侍郎进文渊阁大学士，参预机务。正德时，官至少师兼太子太师、吏部尚书、华盖殿大学士。与刘瑾周旋，屡护缙绅。在内阁历二朝十八年。正德七年（1512）告归。为文典雅流丽，诗作别开生面，时人奉为诗文领袖，号茶陵派。工篆隶书。有《燕对录》、《怀麓堂诗话》、《南行集》、《怀麓堂集》。

**29. 阮 籍（210—263）**

字嗣宗，河南尉氏县人，容貌奇特。齐王曹芳时，任尚书郎。大将军曹爽召他为参军，以疾辞归故里。曹爽谋反事发被诛，人们都称赞他的远见卓识。司马懿命为从事中郎，封关内侯，迁散骑常侍。天下多事故常纵酒昏酣，以此保全自己。司马昭初欲为子炎求婚于籍，沉醉六十日，不了了之。钟会欲加之罪，皆因酗醉获免。拜东平相，骑骡赴任，法令清简。召为大将军，从事中郎。他听说步兵伙夫善于酿酒，贮酒三百斛，求为步兵校尉，世称阮步兵。景元（261—264）中卒。崇尚老子、庄子，旷达不羁，蔑视礼教，尝以"白眼"看待"礼俗之士"，后期则"口不臧否人物"。经常执意亲自驾车，因不合车辙无法行走，恸哭而返。工诗能文，善弹琴，与嵇康齐名，为"竹林七贤"之一。诗文以《咏怀》、《大人先生传》、《达庄注》等较有名。原有集，已散佚，后人辑有《阮嗣宗集》。

### 30.郑元勋（1598—1644）

字超宗，号惠东，祖籍安徽歙县（今黄山市），江苏扬州人。父之彦，生四子，元勋是老二。天启四年甲子（1624），应天（今南京）乡试第六名。崇祯十六年癸未科（1643）二甲16名进士。

崇祯十三年（1640），江淮大饥，他召集族人捐麦千余石，在天宁寺施粥。友某触犯大太监，他将之藏匿。太监知道底细后，将中伤元勋。朋友想出来自己承担。元勋说："当初我要是怕惹祸，就不把你藏起来了。现在这个时候你出去，此非大丈夫所为。"直到太监犯了事，他才让朋友出来。南昌万时华客死扬州，他出面入殓并将之送回。河南罗万藻过扬州遇强盗受伤，他接回家给医药，并资助回家。凡是贞妇孝子，他都要向衙门推荐，并约同志为之诗歌，以表彰其名。重孝道，博学能文，胸怀大略，名重海内。他城府不深，荐举不让本人知道，当面批评人无所嫌忌。巡按、总督先后将他向上推荐，他都以母亲年老而辞谢。

崇祯末年，清军屡次逼近北京。他认为："固江南宜守江北，守江北当拒黄河。"但他的主张并没被当局认可。崇祯十七年（1644）五月初，清军攻陷北京后，扬州是东南的屏障，他斥资训练乡勇，并以忠孝之道开导大家。当时，各藩镇挟兵游掠，扬州上下数百里，民无完庐。其中，高傑特别剽悍难以控制。在分藩时，想进驻扬州，并派副将南某先到扬州，但当地人将他们拒之城外。南某在与川兵争夺渡船中被杀。高傑认为是当地人杀了他的部将，便驻城下杀掠不去。元勋对巡抚黄家瑞说："高傑是奉诏书而来的，并无叛名。且枭猛不可敌，应当对他晓以大义。"

高傑原是李自成的部将，投降明军后为总制王永吉的裨将，获罪当斩。郑元勋正好在永吉那里，在他的力请下得免。高傑对元勋感恩戴德。

元勋单骑入高营说明情况。高傑同意罢兵。兵备副使马鸣騄对元勋的作为很不高兴，主张与高部格斗。此时，发生了乡勇把高部外出砍柴、采买的军士杀了，挂在城上示众的事，激怒了高傑，便洗劫一村以报复。

发生这些事后，元勋说："现在相当危急，我将不惜此身再赴高营，以排乡人之难。"家僮蒋自明拦住马头不让去。他斥退家僮，重入高营，责备对方言而无信。高傑推说是副将杨成所为，出禁令，诛杨成，拿出通商符券数百张给元勋，退兵五里外。双方约定，暂时开启城西门、北门，以运送柴草粮食。

郑元勋遇到人就发券，半路上就发光了。没有拿到的就传出话来，"高傑把免死牌给郑某了，不是亲近的和没有行贿的拿不到，等死吧。"此话一传，不少人就都不相信元勋了。

马鸣骡部下的箭和石块又打中了高兵。高傑重新拥兵到城下哗噪。元勋无计可施，急往高邮迎王永吉来。高傑亲自到城下，言辞相当谦虚。永吉认为："此人还是可以讲得通的。"并遍告诸掌权者及绅士，而后出面接见。高傑把事情的前后经过作了详细介绍。

不久，又有兵劫掠仙女庙。扬州人都怪罪郑元勋。元勋请永吉写信，问高傑怎么回事，并手持信第三次入高营。高傑说："驻军城外有七大将，为什么非要怪到我身上？你们可以去查。如果真是我的部下所为，我会把这些人杀掉，以谢扬州百姓。要是别的军队，请不要来责怪我。"

二更天时，有人向城上高喊："郑公从高营带信回来了。"城中狂噪，都说："郑某果然是贼党，杀了他才可以守住城。"但拿信来一看，大家都觉得弄错了，便一哄而散。但还有不少人对此将信将疑。

元勋拿着信急往城上走，边走边解释，就是有不听的。又传说"杀杨成"为"杀扬城"，便纷纷拔出刀来，把郑无勋紧紧围了起来。在乱刀中，元勋遇难。这是五月二十二日的事。高傑听说元勋被杀十分震怒，下令拼命攻城。

高傑提出，要公开处决为首闹事的王柱万、陈尝、张自强，余党十一人受鞭刑至死。内阁大学士史可法到扬州，劝阻住高傑。高便望城哭祭，移兵瓜洲。

本来，南明福王朱由崧授元勋兵部职方司主事。他死那天，正好任命到。史可法向上禀报郑元勋的冤情，弹劾马鸣骡，褫夺其职。明白了真相后，全城百姓十分后悔。元勋死的时候才四十二岁。所著有《文娱》（初集、二集）、《左国类函》、《瑶华集》、《媚幽阁诗》、《余省录》、《影园文集》若干卷。

### 31.董其昌（1555—1636）

字元宰，号思白、香光居士，上海松江人。万历十七年己丑科(1589)二甲1名进士，授翰林院编修，充东宫讲官，出为湖广学政。以太常寺少卿召入朝，天启时官至太常寺卿、南京礼部尚书。崇祯初，以詹事府詹事告归。工书法，从摹颜真卿入手，改学虞世南、钟繇、王羲之，字体疏宕秀朗，颇有特色。画山水，师法董源、巨然、黄公望、倪瓒，讲究笔墨气韵。书画自成一家，名闻中外，人称米芾、赵孟頫再世。著有《画禅室随笔》、《容台集》、《容台别集》等。

### 32.黎遂球（1602—1646）

字美周，广东番禺人。崇祯年间举人。杜门著述，致力于诗和古文辞，善画山水。再试春官不第。十六年（1643），扬州进士郑元勋"影园"中一枝黄牡丹怒放，召集四方名士共赋黄牡丹诗，糊名后送南京请钱谦益评定甲乙，第一名以镌"牡丹状元"的金杯为奖品。他正好南还路过扬州，即席赋十首，竟冠诸贤。一时声名鹊起，共呼"牡丹状元"。礼部侍郎陈子壮将他以"经济名儒"向朝廷推荐，因母亲年老未赴任。甲申变后，子壮重新将他推荐给唐王朱聿键，遂出任兵部职方司主事，提督广东兵支援赣州。清军破城，他与弟遂珙一起殉节。谥忠愍。著有《周易爻物当名》、《易史》、《莲鬚阁诗文集》。

### 33.郑之彦

字仲隽，号东里，江苏扬州人，祖籍安徽歙县（今属黄山市）。他五岁时，父亲郑景濂即外出经商；七岁时，跟随祖母步行数百里，到池阳寻回母亲。十九岁补扬州府秀才，入府学，精于经商之道，对利国通商之事了如指掌，人称"盐筴祭酒"、"儒林丈人"。四个儿子：元嗣、元勋、元化、侠如。郑氏数世同堂，至侠如辈始析产。

### 34.汪 楫（1626—1689）

字舟次，江苏江都（今属扬州）人，原籍安徽休宁。初以岁贡生署赣榆训导。康熙十八年己未（1679）博学鸿词科一甲15名，授翰林院检讨，供职史馆，参与修《明史》，主张先编《长编》，以备足史料。后来，充任册封琉球正使，为他们撰写了孔子庙碑，谢绝对方馈赠，国人建"却金亭"表彰他，撰《奉使琉球录》。默写尚氏世次，撰《中山沿革志》。出京为河南知府，置学田于嵩阳书院，聘詹事耿介主其事。历任福建按察使、布政使，调任入京，途中得病，卒于家。入祀乡贤祠。工诗善书，诗作以古为宗，以清冷峭蒨为致，与孙枝蔚、吴嘉纪齐名。有《悔斋诗文集》、《山闻集》（正、续）、《观海集》。

### 35.茅元仪（1594—1640）

字止生，号石民，归安（今属浙江湖州）人。万历三十六年（1608）饥荒，知府陈友学召集士绅商量赈济，谁也不敢应承。他以垂髫之岁，提出以家财赈灾，使成年人无地自容。从小好谈兵法，对古今用兵方略、九边要塞了如指掌。天启元年（1621），荐授副将，以母丧归。孙承宗督师辽东，他充幕僚，曾到红螺山侦察，七天不吃熟食，其他人都面无血色，惟他不变颜容。承宗出事，他亦罢归。崇祯元年（1628），向朝廷进《武备志》，建议富强大计，授翰林院待诏。不久遭弹劾，又罢归。二年，承宗东山再起，他重新跟随左右，恢复四城，特授副总兵提辖辽海觉华关岛署大将军印。以后，因兵变下狱，充军漳浦（今福建漳州）。东北边事紧急，他自告奋勇要组织敢死队。由于当朝宰相的反对，使他无法施展才能，便整天纵酒以泄愤而卒。他诗文上很有才气，千言立就。扬州郑元勋的"影园"建成后，他写下《影园记》。著有《嘉靖大政类编》、《平巢事迹考》、《艺活甲编》、《西峰谈话》、《青油史漫》、《福堂寺贝余》，以及《石民》（诗）四十集。

### 36.刘 侗 (1591—1634)

字同人，号格庵，锦衣卫籍，乡贯湖北麻城。崇祯七年甲戌科（1634）三甲229名进士。赴任吴县（今属苏州）知县时，死于扬州。诗文多幽古奇奥，为复社名士。早年入京师，摘录于奕正所收集的资料，撰《帝京景物略》，详细记述北京风物。另著有《龙井崖诗》。

### 37.顾尔迈

明代江苏淮安人。著有《明珰彰瘅录》。

### 38.郑 沄

字晴波，号枫人，江苏仪征人。乾隆二十七年壬午（1762）举人，召试赐中书。官至浙江督粮道。精于诗，推崇杜甫，刊刻《杜诗全集》行于世。著有《玉勾草堂集》。

### 39.李 斗 (？—1817)

字艾塘，又字北有，江苏仪征人。自小失学，疏于经史，而好游历山水，曾三至粤西，七游闽浙，一往豫楚，两上京师。博学工诗，通数学音律。与著名文人阮元、焦循、汪中、凌廷堪、黄景仁等交往较深。著有《永报堂集》三十三卷，其中包括《扬州画舫录》、《永报堂诗》、《艾塘乐府》、《奇酸记传奇》、《岁星记传奇》等。

### 40.仲长统 (180—220)

字公理，东汉末高平（今山东金乡）人。少好学，性倜傥，敢于直言，人称"狂生"。尚书令荀彧推举为尚书郎，后为丞相曹操参军。喜欢说古论今，提出"人事为本，天道为末"的论点，否认天命，强调"唯人事之尽耳，无天道之学焉"，揭露天下由治而乱"乱世长而化（治）世短"与统治阶级"熬天下之脂膏，斫生人之骨髓"的关系。著有《昌言》。

### 41.李 渔 (1611—1680)

字笠鸿，后字笠翁，一字谪凡，别署笠道人、随庵主人等，浙江兰溪人。顺治年间流寓金华，康熙中迁杭州。能为小说，尤精谱曲，世称李十郎。著有《闲情偶寄》，在戏曲理论上有所丰富和发展。又著有传奇《风筝误》、《蜃中楼》、《玉搔头》等十种，合称《笠翁十种曲》。所撰杂著《一家言》，其中《居室部》论述建筑设计别具心裁。

### 42.李格非（约1045—约1105）

字文叔，宋济南人，女词人李清照之父。当时朝廷刚开始以诗赋取士，他独留意经学，作《礼记说》数十万言。登进士第，官至礼部员外郎。工词章，著有《洛阳名园记》。

### 43.袁学澜（1804—1879）

原名景澜，字文绮，号巢春，元和（今属苏州）人，诸生。在官太尉桥西双塔附近建别业，园因塔名"双塔影园"。园中回廊曲绕，高楼矗立，花木玉兰、山茶、海棠、金雀等，丛出于假山垒石之间。全园较为疏旷，无亭观台榭之崇丽，绿墀青琐之繁华，蹊径爽垲，屋宇朴素。作《双塔影园自记》。

### 44.曹雪芹（1715—1763或1764）

名霑，字梦阮，号雪芹、芹圃、芹溪，满洲正白旗人。自曾祖曹玺起三代任江宁织造。雍正时，其父曹頫以"骚扰驿站"获罪抄家，家道渐衰，后侨居北京。工诗善画，以十年时间写成《石头记》（即《红楼梦》）八十回。他把在北京所见的贵族私园与在南京作幕宾时"随园"的印象，再现于书中。

# 相关地名

### 1.楚州

隋置，寻废。唐复于山阳置东楚州，更名楚州，又改曰淮阴郡，复曰楚州。宋称楚州山阳郡，改为淮安州。故治在今江苏淮安市楚州区。

### 2.銮江

即今之江苏省仪征市，属扬州市管辖。康熙《仪真县志》中说，"仪征为地，其名有九"，其中五代称"迎銮镇，宋以军名。又称銮江，古今通称，即所谓迎銮者"。仪征春秋时称"邗"，战国时属楚，秦改属"九江郡"，汉属楚，元封五年（前106）置舆县，下属广陵乡白沙村，即今仪征城区。隋先后改属扬州和广陵县、江阳县、江都县。唐永淳元年（682）置扬子县，今市区所在地称白沙镇。五代吴顺仪四年（924），白沙镇改称迎銮镇。宋大中祥符六年（1013），笃信道教的真宗诏令设冶炉铸玉皇、圣祖、太祖、太宗4座金像。时仪征冶炼业发达，被指定进行浇铸，在今马集二亭山选匠开炉。像成解入京，皇帝亲迎供奉于玉清昭宫。因金像仪容逼真，赐地名"真州"。政和七年（1117），改真州为仪真郡。清雍正元年（1723），因避讳改"仪真"为"仪征"。因此，历史上多有称仪征为"迎銮"和"銮江"。

# 影园自记

## 郑元勋

　　山水竹木之好，生而具之，不可强也。予生江北，不见卷石。童子时从画幅中，见高山峻岭不胜爱慕，以意识之，久而能画。画固无师承也。出郊见林木鲜秀，辄留连不忍归，故读书多僦居荒寺。年十七，方渡江尽览金陵诸胜。又十年，览三吴诸胜过半，私心大慰，以为人生适意无逾于此。归，以所得诸胜形诸墨戏。壬申冬，董元宰先生过邗。予持诸画册请政。先生谬赏，以为予得山水骨性，不当以笔墨工拙论。余因请曰，"予年过三十，所遭不偶，学殖荒落，卜得城南废圃，将葺茅舍数椽，为养母读书终焉之计。间以徐闲，临古人名迹，当卧游可乎？"先生曰，"可。地有山乎？"曰，"无之。但前后夹水，隔水蜀冈蜿蜒起伏，尽作山势。环四面，柳万屯，荷千余顷，萑苇生之水，清而多鱼，渔棹往来不绝。春夏之交，听鹂者往焉。以衔隋隄之尾，取道少纡，游人不恒过，得无哗。升高处望之，迷楼、平山皆在项臂，江南诸山历历青来。地盖在柳影、水影、山影之间，无他胜，然亦吾邑之选矣。"先生曰，"是足娱慰。"因书"影园"二字为赠。

　　甲戌放归，值内子之变，又目眚作楚，不能读，不能酒，百郁填膺，几无生趣。老母忧甚，令予强寻乐事。家兄弟亦怂恿葺此。盖得地七八年，即庀材七八年，积久而备，又胸有成竹，故八阅月而粗具。

　　外户东向临水，隔水南城，夹岸桃柳，延袤映带。春时，舟行者呼为"小桃源"。入门，山径数折，松杉密布，高下垂荫，间以梅、杏、梨、栗。山穷，左荼蘼架，架外丛苇，渔罟所聚。右小涧，隔涧疏竹百十竿，护以短篱。篱取古木槎牙为之。围墙甃以乱石，石取色斑似虎皮者，俗呼"虎皮墙"。小门二，取古木根如虬蟠者为之。入古木门，高梧十余株，交柯夹径，负日俯仰。人行其中，衣面化绿。再入门，即榜"影园"二字。

此书室耳，何云园？古称"附庸之国为影"，左右皆园，即附之得名，可矣！

转入窄径，隔垣梅枝横出，不知何处。穿柳隄，其灌其栵，皆历年久苔之华，盘盘而上，垂垂而下。柳尽，过小石桥，亦乱石所砌，虎卧其前，顽石横亘也。折而入草堂，家冢宰元岳先生题曰，"玉勾草堂"。邑故有"玉勾洞天"，或即其处。堂在水一方，四面池，池尽荷。堂宏敞而疏，得交远翠，楣楯皆异时制。背堂池，池外隄。隄高柳，柳外长河。河对岸亦高柳。阎氏园、冯氏园、员氏园皆在目。园虽颓而茂竹木，若为吾有。

河之南通津，津吏闻之北通古邗沟、隋隄、平山、迷楼、梅花岭、茱萸湾，皆无阻。所谓柳万屯，盖从此逮彼，连绵不绝也。鹂性近柳，柳多而鹂喜，歌声不绝，故听鹂者往焉。临流，别为小阁，曰"半浮"。半浮水也，专以候鹂，或放小舟迓之。舟大如莲瓣，字曰"泳庵"，容一榻、一几、一茶炉。凡邗沟、隋隄、平山、迷楼诸胜，无不可乘兴而往。

堂下旧有西府海棠二，高二丈，广十围，不知植何年，称江北仅有，今仅存一株，有鲁灵光之感。绕池以黄石，砌高下磴，或如台，如生水中。大者容十余人，小者四五人，人呼为"小千人坐"。趾水际者尽芙蓉；土者梅、玉兰、垂丝海棠、绯白桃；石隙种兰、蕙、虞美人、良姜、洛阳诸草花。渡池曲板桥，赤其栏，穿垂柳中。桥半，蔽窥半阁、小亭、水阁，不得通。桥尽，石刻"淡烟疏雨"四字，亦家冢宰题，酷肖坡公笔法。

入门，曲廊左右二道。左入予读书处，室三楹，庭三楹。虽西向，梧柳障之，夏不畏日而延风。室分二。一南向，觅其门不得，予避客其中。窗去地尺，燥而不湿。窗外方墀，置大石数块，树芭蕉三四本，莎罗树一枝，来自西域，又秋海棠无数，布地皆鹅卵石。室内通外一窗，作栀子花形，以密竹簾蔽之。人得见窗，不得门也。左一室东向，藏书室。上阁广与室称，能远望江南峰，收远近树色。流寇震邻，磋使邓公乘城，谓阁高可瞰，惧为贼据。予闻之，一夜毁去，后遂裁为小阁一楹。人以为小更加韵。庭前选石之透、瘦、秀者，高下散布，不落常格，而有画理。室隅作两岩，岩上多植桂，缭枝连卷，溪谷崭岩，似小山招隐处。岩下，牡丹、西府垂丝海棠、玉兰、黄白大红宝珠茶、磬口腊梅、千叶榴、青白紫薇、香橼，备四时之色，而以一大石作屏。石下古桧一，偃蹇盘蟠。拍肩一桧亦寿百年，然呼小友矣。石侧转入，启小扉，一亭临水，菰芦罨口。社友姜开先题以"菰芦中"。先是鸿宝倪师题"漾翠亭"亦悬于此。秋老芦花白如雪，雁鹜家焉。昼去夜来伴予读，无敢嚣吠。盛暑卧亭内，凉风四至。月出柳梢，如濯冰壶中。薄暮望冈上落照，红沈沈入绿，绿加鲜好。行人映其中，与归鸦相乱。

小阁虽在室内，室内不可登。登必迁道于外，别为一廊，在入门之右。廊凡三周，隙处或斑竹，或蕉，或榆以荫之。然予坐内室，时欲一登，懒于步，旋改其道于内。

由"淡烟疏雨"门内廊右入，一复道如亭形，即桥上蔽窥处，亦曰亭，拟名"湄荣"。临水如眉临目，曰"湄"；接屋为阁，曰"荣"。窗二面，时启闭。亭后径二。一入六方窦。室三楹，庭三楹，曰"一字斋"，先师徐硕庵先生所赠，课儿读书处。庭颇敞，护以紫栏，华而不艳。阶下古松一，海榴一。台作半剑环，上下种牡丹、芍药。隔垣见石壁、二松，亭亭天半。对六方窦，为一大窦。窦外又曲廊，丛篠依依，朱槛廊俱疏通，时而密缀。故为不测，留一小窦。窦中见丹桂，如在月轮中。此出园别径也。

半阁在"湄荣"后径之左，通疏廊，即阶而升。陈眉公先生曾赠"媚幽阁"三字，取李太白"浩然媚幽独"之句，即悬此。阁三面水，一面石壁。壁立作千仞势，顶植剔牙松二，即"一字斋"前所见。雪覆而欹，其一欹益有势。壁下石涧，涧引池水入畦，畦有声。涧傍皆大石，怒立如斗。石隙俱五色梅，绕阁三面，至水而穷，不穷也。一石孤立水中，梅亦就之，即初入园隔垣所见处。阁后窗对草堂。人在草堂中，彼此望望可呼与语，第不知径从何达。大抵地方广不过数亩，而无易尽之患。山径不上下穿，而可坦步，皆若自然幽折，不见人工。一花、一竹、一石，皆适其宜，审度再三。不宜，虽美必弃。

别有余地一片，去园十数武，花木豫蓄于此，以备简绌。荷池数亩，草亭峙其坻，可坐而督灌者。花开时，升园内石磴、石桥或半阁，皆可见之。渔人四五家错处，不知何福消受。诗人王先民结宝蕊栖，为放生处，梵声时来。先民死，主祀其中。社友阎舍卿护之，至今放生如故。先民吾生友也。今犹比邻，且死友矣。

是役八月粗具，经年而竣。尽翻陈格，庶几有朴野之致。又以吴友计无否善解人意。意之所向，指挥匠石百不一失，故无毁画之恨。

先是老母梦至一处，见造园。问："谁氏者？"曰："而仲子也。"时予犹童年。及是鸠工，老母至园劳诸役，恍如二十年前梦中。因述其语，知非偶然。予即不为此，不可得也。然则元宰先生题以"影"者，安知非以梦幻示予。予亦恍然，寻其谁昔之梦而已。

夫世人争取其真，而遗其幻。今以园与田宅较之，则园幻。以灌园与建功立名较之，则灌园幻。人即乐为园，亦务先其田宅、功名。未有田无尺寸，宅不加拓，功名无所建立，而先有其园者。有之，是自薄其身，而隳其志也。然有母不遑养，有书不遑读，有怡情适性之具，不遑领灌园，累之乎？抑田宅、功名，累之乎？我不敢知。虽然亦各听于天而已。梦固示之，性复成之，即不以真让，而以幻处。夫孰与我。

崇祯丁丑清和月，邗上郑元勋自记。

# 影园遗址考古勘查、试掘报告（摘录）

### 江苏扬州唐城考古队

(1) 影园是明末郑元勋的私宅花园，建于明崇祯七年（1634），由明代杰出造园大师计无否设计建成。是园以"柳影、水影、山影"为其特色而名噪一时，并成为当时扬州八大花园之一，在中国古代园林史上占有一席之地。影园早年遭兵燹之灾，至清乾隆末年仅存遗址于"古渡桥北，水中长屿上"。

(2) 影园所在的"水中长屿"，位在扬州明旧城西门外头道河与二道河之间，北始红园，南达荷花池公园，总长约1930米。结合郑无勋《影园自记》上的记载，影园原在城南废圃上修建，因此，其位置应在"水中长屿"之南段，与明旧城南墙相距不远。

(3) 经过钻探发掘，结合查找古代文献，我们初步确定，影园遗址位于今荷花池公园石桥以北、双虹桥以南、头道河、二道河之间的范围以内。

(4) 《影园自记》中载其面积为数亩，现匡定的位置内有11000多平方米，远大于原面积。发掘可以证实，影园的东界应在古渡桥北路以西或临路，亦为"园户东向"找到了根据。影园之南为郑氏祠堂，堂五楹，大门临古渡桥下西向之河，并且祠堂左庑下有门与影园虎皮墙便门相通，故南界应在现竹篱笆以北15米处，因钻探发现该处南北堆积不同。《影园自记》所载的入园左侧为苇荡，"渔罟所居"亦可证实。西界应临二道河，因有"半浮阁"西向临水的记载，北界应在双虹桥或稍偏南。

(5) 影园高阁应建于假山之上。此推测是基于其阁被一夜拆除的记载，因影园当时的地面不可能高于城墙的基础，基于对城墙楼阁高度的认识，楼阁高度不可能大于城墙，担心楼阁为流寇所用，窥视城内排兵布阵，必是楼阁的绝对高度高于城墙或已与城墙平，所以推定其只能是建在假山上。

# 后记

《园冶》中，阮大铖称计成"松陵计无否"，松陵广而言之指整个吴江，明代有《松陵志》，清代有《松陵见闻录》，狭义则就指松陵镇。由此，吴江才知道明代松陵有一个名叫计成的人，专于造园，有专著《园冶》，名声响及世界。但吴江旧方志中却无只言片语，给后世留下了一个谜。

据《园冶·自识》，计成生于明万历十年（1582）。2002年，计成430周年诞辰之际，为纪念这位造园大师，家乡吴江筹建计成纪念馆。在吴江政协副主席王斐的推荐下，所需布展内容由沈昌华、沈春荣负责。他们走访了同里计姓、金家坝计巷、盛泽茅塔村计东和嘉善麟湖计元勋故里，也走访了计成在镇江、常州、仪征、扬州等地所造园林的遗址，还到苏州博物馆查阅相关志书、家谱，最终完成资料编写，并形成相关论文和《园冶新译》。西安美术学院赵农教授看了书稿欣然为之作序。

2012年12月，吴江区规划局局长石荣和吴江区档案局局长沈卫新知道此事的来龙去脉后，十分重视，决定在沈昌华、沈春荣编纂资料的基础上，进一步丰富内容，委托谈燕、王彩凤、王来刚、李海珉、林锡旦、俞前等同志进一步收集资料，纂写内容，汇编成册，并付梓出版，以便让更多人了解计成，了解吴江优秀的园林设计理念和空间布局规划实践。

谨向所有为书稿提供材料，为出版付出努力的各级领导和同仁表示衷心感谢。由于水平所限，书中难免存在疏漏与不足之处，敬请读者批评指正。

编者
2013年10月